愿你永远年轻

永远热泪盈眶

在抵达之前

永不停歇

——曹红

Wo Pianai
Shaoyouren Zou De Lu

我偏爱
少有人走的路

青红◎著

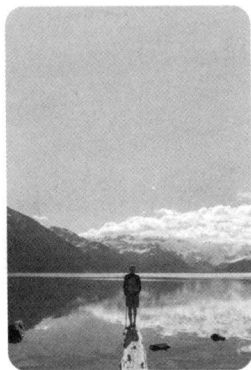

文汇出版社

图书在版编目 (CIP) 数据

我偏爱少有人走的路 / 青红著. — 上海 : 文汇出
版社, 2017.9
ISBN 978-7-5496-2322-8

Ⅰ. ①我… Ⅱ. ①青… Ⅲ. ①女性－人生哲学－通俗
读物 Ⅳ. ① B821-49

中国版本图书馆 CIP 数据核字 (2017) 第 215073 号

我偏爱少有人走的路

著　　者 / 青　红
责任编辑 / 戴　铮
装帧设计 / 天之赋设计室

出版发行 / **文匯**出版社
　　　　　上海市威海路 755 号
　　　　　（邮政编码：200041）

经　　销 / 全国新华书店
印　　制 / 河北浩润印刷有限公司
版　　次 / 2017 年 9 月第 1 版
印　　次 / 2022 年 7 月第 5 次印刷
开　　本 / 880×1230　1/32
字　　数 / 146 千字
印　　张 / 9

书　　号 / ISBN 978-7-5496-2322-8
定　　价 / 39.80 元

自　序

　　一个快乐的人必定是爱生活的、懂悲苦的、明喜悦的、坦然面对现实且内心很坚韧的。

　　我们所处的世界简单又复杂，现实又梦幻。而根本区别，就在于每个人的内心：心简单，世界就简单，快乐才会生长；心自由，生活就自由，幸福才会繁盛。

　　有些人会不自觉地高估他人的幸福，低估他人的苦难，从而觉得自己总过得不如他人幸福，于是终日郁郁寡欢，不见笑容。

　　事实上，我们不仅需要关注自己的生活，也需要了解他人的生活。

　　我们分享他人的别样生活，并不是为了满足自己的窥私欲，而是为了自己在生活中感到迷惘时，能获得参照；是为了通过纵向对比，让自己在浮华的世俗生活中获得内心的安宁。

　　或许这些人的生活平凡而简单，或许这些人为了生活

1

在疲于奔命，或许这些人漂泊在异乡，或许这些人在远方迷茫——但他们都在默默地努力着，过着属于自己独一无二的生活。

故事中的主人公，有我的影子，有朋友的影子，但每一个影子都是真实的、饱满的，鲜活的、原生态的。

这些故事里有你，有我，也有他。是非对错，爱恨情仇，每个人心中都有一个标准，我希望你能在这些故事中找到一个符合自己的标准。

因为喜欢，所以期待拥有；因为渴望，所以愿意奋斗。

你的人生，由你自己来谱写，但你能从这些故事中感受到阳光和爱，领略到平凡又复杂的世界的神奇和精妙。

我不想说什么生活的大道理，但我还是希望你通过阅读此书，找到适合你的生活方式，或者改掉你目前的坏习惯。当然，我更期望大家阅读此书后有所收获——收获一个笑容、一种心情，一瞬间的感动或者长久的温暖。

倘若我能用一本书的厚度带给你温暖，那将是我最大的收获。

青红于昆山

2017 年 6 月 18 日

目 录
Contents

第二辑　时间是所有人的朋友

第三辑　只有你才能成全更好的自己

第四辑　把生活过成你想要的模样

第五辑　我偏爱少有人走的路

第一辑
每个人心中都有一座孤岛

　　有一个人，教会你怎样去爱了，但是，他却不爱你了。以后，我再也不会奋不顾身地去爱一个人了，哪怕是你。我终于明白，人这一辈子，真爱只有一回，而后即便再有如何缠绵的爱情，终究不会再伤筋动骨。

——张小娴

1. 每个人心中都有一座孤岛

他最喜欢说："只要跨出去，无论方向在哪里，都是在前进。"果真，他带着他的茶杯在前进！

在我的认知里，无论是胸怀天下的大人物，还是胸无大志的小市民，都是流连在世俗里的浪子，或功成名就，或默默无闻——他们只是循着各自的轨迹在努力地活着。

在此前二十多年里，我的生命里来来回回更换了不少人，因此我也学会了慢慢感悟生活。

今夜，我正坐在窗边的书桌前写作。此刻，我想起了那些在他乡的日子。

一直以来，我都喜欢以脚丈量人生，读万卷书，行万里路。从某种意义上说，我更像是在大千世界中寻找另一个自己。那些日子，我有激情、有迷茫、有喜悦，也有无奈，各种滋味掺杂在其中。

"你有你的朝九晚五，我有我的流浪各处。"这是我在去云南的途中遇到的一位"驴友"常挂在嘴边的一句话。

他是一个标准的浪人。他可以徒步穿越滇藏线，也可以夜宿洱海旁。他昨天在沱江边的一家小酒馆，今天就已经站在纳木错湖旁的经幡下……有些人喜欢通过打破固有的生活模式，来寻找自我存在的意义。他们会选择远行——通过远行给自己的心灵带来慰藉，就像一剂能治愈伤口的回春妙药。

可是，在远行之后，我们是否能发现自己内心深处真正想要的生活呢？

大多数人在远行之后，终究还是得回到现实中，去面对那些生活的细枝末节、鸡零狗碎。而那些真正对我们有所启发的，其实并不是远行本身，而是远行之后能够更加通透地看清自己。

"肘子"是安徽人，我和他在昆明邂逅，颇有一见如故之感。那次出行是"肘子"一直心心念念的事，在出行的前一天，他辞了职，踏上了一条寻找自我的路。

我和"肘子"相识以后结伴来到丽江，他说他打算从大理徒步到拉萨。

在他出发之前，我多次劝他放弃这个计划，但他一向固执，于是我们在丽江分别。我选择了返程，而他独自一人踏上了滇藏线 317 公路去了拉萨。

当他发给我他在布达拉宫前拍的照片时，他竟然哭得像个孩子。我想，这次西藏之行让他完成了一个渴求已久的仪式。

泪姑娘也是一名驴友，她和我以及我的朋友一起在大理环行完洱海，就跟着我们一块儿到了丽江。

在丽江临别前一晚，她告诉我，她打算回大理，因为她想晒大理的太阳，想学手鼓，想穿大理的碎麻裙。

那一晚，我们喝了很多酒，聊了很久。当我睁开蒙眬的双眼时，东边天际已经露出鱼肚白。

清晨，我和朋友悄悄离开丽江时，没有叫醒泪姑娘，也没有留下书信跟她道别。我总觉得，这样静悄悄地离开，可以不那么伤感。

可后来我才知道，泪姑娘得知我们离开后竟然号啕大哭。

哭吧，哭出来就好了！

或许是我们的相遇，让泪姑娘心底深埋的苦楚有了一丝释怀；或许是我们在一起谈笑风生，打开了她心里拧巴的疙瘩。但究竟是何滋味，恐怕只有她自己知道。

送别过亲友的人知道，车站的汽笛声是多么残忍——一声鸣笛，就可以让彼此天各一方。所以，每次出行我都是独自一人，不要人送行，不要人接站——从起点到终点，从夜晚到黎明，从城市到乡村，我都是一个人在旅行。

也许是习惯了，反正已经有很多年没有人为我送别了。

坐在去火车站的公交车上，我望着车里来自各地的旅人，他们或是蒙头大睡，或是安静地听着音乐，或是彼此分享着各自的故事，或是在靠窗的角落静静地坐着，喝一口异乡的茶，沉默不语。

看到车上手捧茶杯的老爷爷时，我想起了与我半道分手的北京大叔。

在返程的火车上，那位同行的北京大叔并没有再出现。之前他告诉我，在他旅行之前，他家新买的房子正在装修，可以说他是偷跑出来的——他要去香格里拉，去看那里的草原。

一路上，他只带了一个茶杯。他这样说："只要跨出去，无论方向在哪里，都是在前进。"果真，他带着他的茶杯在前进！

在我回到无锡三个月后，我和上面这些驴友通过几次电话。

"肘子"结束旅行后在富士康工作，由于工作任务繁重，压力也很大，但他正在为下一次远行做准备。他的下一站旅行地是大西北的关中，他说要约上我一起去吃羊肉泡馍。

泪姑娘在西部各省漂了一阵子后，筋疲力尽地回到老家深圳，现在在她弟弟的水果店里帮忙照看生意。

正值夏季，水果店的生意很好，泪姑娘每天忙得团团转。她说等空闲的时候会来无锡看我，这让我很开心。听着她的广东腔普通话，我忍不住捂着嘴偷笑。

至于那位北京大叔，匆匆相遇，又匆匆别离，连联系方式都没有留下。但是我想，此刻的他应该正坐在新装修的房子窗前，喝着从云南带回去的普洱茶吧！

他们都是大千世界里的普通人，都真真切切地生活着，但最终都会发光，也会找到他们所追求的幸福之光——也许就在某个漆黑的夜晚悄然点亮。

远行之后，我们重新回到各自的生活，但生活并没有因远行而改变什么，孤单的人依旧孤单，忙碌的人依旧忙碌，生活还是一如既往地限定在两点一线之间。

不同的是，我们的内心会不会因此而多了一丝温暖呢？某一刻会不会想起在世界的某个角落，也有一颗孤独却温暖的心呢？

"肘子"、泪姑娘、北京大叔……这些简单的故事，也许会出现在所有人的生活里，他们的故事，说不定也是你的故事。他们普通而平凡，却又是那么真实，他们身上全都有你的影子。

其实这一生，我们所走的路也是多数人正在经历的路，有沟有壑，或深或浅，都不可避免。

人生的终点都是殊途同归，重要的是我们走向终点的过程——每一个人的经历都是独一无二的，曾经令你动容的事情，或许会随着时间的流逝淹没在生活中，但是我相信，它们一定会被别人重新拾起。

简单的故事之所以会让人心头一暖，原因或许就在于：我们每个人都需要温暖，每个人心中那一块柔软的地方，会在某个不经意的瞬间被触动、感染，那大概就是我们心中的一座孤岛吧！

2. 心若安定，何畏浮世

尘世间有太多美好会随着年华逝去，但是，善良和温暖却可以永恒存在，就像太阳一般向万物馈赠光和热，让这个冷漠的世界有了值得留恋的价值。

一个喜欢侍弄花草、照顾动物的人，无论长相如何，不管贫富如何，起码可以说他（她）是个温暖的人、有爱心的人。

我的朋友圈里就有个这样的姑娘，她对花草的喜爱已经到了痴迷的地步。

这个喜欢扎着蓬松马尾辫的姑娘叫月月，是我的大学同学。

毕业以后，月月开了一家花店，她每天都会在 QQ 空间、朋友圈和微博上跟大家分享花店里各式漂亮的花束。

每天看她发的图片，已经成为我的一种生活习惯。我时常会点开她的朋友圈，看她发布的那些鲜花，闲暇时还会去她的花店坐坐。

有时候，我也会把自己养失败的绿植搬到她店里，请她帮忙照顾。她总会笑眯眯地答应我，然后玩笑般地责备我没有照看好它们。一段时间后，那盆绿植又恢复了勃勃生机。

在月月的悉心照料下，花店里的所有花草都充满生机，推开花店门的一瞬间，你好像能感觉到它们在跟你打招呼。

月月来自苏北，她拥有北方姑娘的豪气，可更多的是像南方姑娘一样的优雅、知性。

大学期间，每到假期，月月总会背着一个包去旅行。几年下来，她去过很多地方，但她去的大多数地方不是大城市，而是那些有着农林气息的小镇或者农村。

她拜访过很多农民和花匠，每次回来都会带着鼓鼓的一包花草籽和一份手抄笔记。她宿舍的阳台都被她种植的花草占领了，整个宿舍都充斥着花香。

毕业前夕，当聊到毕业后的打算时，她淡淡一笑，说："我想开一家花店。"

　　这句话，大学时代我听了整整四年。这是我听过的最不励志却最真实的理想，和那些空洞的大目标相比，这一类话语相对而言倒是多了些温度。

　　毕业后，月月花光了所有积蓄，在无锡南长区的一条老街里租了一间老房子，开了一家属于她的花店。起初，大家都以为她患了"伪文艺并发症"，开花店只是说说而已——可谁也没想到，她还真的把花店给开起来了。

　　开店的前期，花店根本入不敷出——赚的钱还不够支付店面租金和水电费。当时，一众好友曾劝月月关掉花店，另谋生计。但月月总是淡然一笑，然后一本正经地说："我只想开一家花店。"

　　每天清晨，她就起床到店里修剪花枝，学习花卉栽植技术。她的生活从早到晚，循环往复，就像复写纸印的一般。

　　随着开店时间的延长，她学会了运用网络新媒体对自己的花店做推广。慢慢地，花店的生意好转了。

　　越来越多的人，大老远把家里的花搬到月月的花店来，让她给自己的宝贝花草"诊病"。也正因为她对那些花草的细心关照和对客人的热情接待，她的生意开始步入正轨。

　　每天，她都在侍弄花草，只要扫一眼，她就能知道花草的摆放位置，以及哪一株生病了、缺肥了、缺水了——

在她看来，那些花草都是会说话的。当然，在她眼里，自己也是幸福的。而在我看来，不仅月月是幸福的，那些被她照顾的花草同样是幸福的，因为有一个如此爱它们、懂它们的人！

幸福是什么？幸福就是当你知道除了自己之外，还有另一个人在喜欢你，爱护你。对于月月和她的花草而言，又何尝不是如此呢？

月月平时很少有娱乐活动，她不喜欢吵闹，我也只是偶尔会去她的店里和她一起喝喝茶。她说，每到深夜，当街上各家店铺都打烊后，她就静静地坐在椅子上看着花草——整个世界都安静了。

月月的花店面积不大，只有 20 平方米左右。就在这紧凑的空间里，月月用心栽下了她的梦想。

我们有时候开玩笑说："啥时候给店里添个老板？"

她笑着说："这个老板的前提是他得爱花，能够跟我一起照顾它们。"花草已经融进了她的生命，她更是将对待花草的态度作为选择另一半的考量之一。

在月月的花店里，花草没有高贵低贱之分，比如玫瑰的旁边有可能摆着一株红叶生菜——每一种花对月月来说，都是非常重要的。因为在无数个深夜，就是这些花草陪伴着她——这里有她的梦想，有她的执着，有她的青春。

这些年，月月买的关于各种花草的书足足摆满了两个书橱。现在，在她的花店一角，有一个书架上摆放着各种花卉护理的书，以方便客人自由阅读。有人对她说："客人都懂得花草知识了，你还怎么做生意？"

她淡然一笑，说："很多养花人都不懂花的生长习性，这样下去，很多花都会枯萎。我一个人力量有限，不可能照顾那么多花草，但我希望它们能茁壮成长，如此而已。"

就是这样一个貌似没有商业头脑的姑娘，把花店生意经营得红红火火。而为了进一步学习花卉种植和插花艺术，她还花了一笔不菲的培训费，学习了三个月的花道。

就是这个有些傻里傻气的姑娘，在我们这群人中却是活得最简单、最幸福的那一个。

几个月前，月月的店里来了一位街头歌手，他非要留在店里做义工。无事献殷勤，非奸即盗——果然不出所料，后来我听说他们在一起了。

听到这个消息，我着实大吃一惊。

我曾无数次为她"头脑风暴"过各种恋爱场景，然而只猜中了开头，却没有猜中结局！可是，转念一想，一个街头歌手爱上"花痴姑娘"，好像真挺般配的呢！那么意外，却又那么合理。

世事不就是如此吗？

前一阵，偶然看到月月的个性签名：愿我化作一株向日葵，心向阳光，能给人以温暖、爱和希望，因为和索取相比，一定是给予更幸福。

多么温暖的姑娘啊，若你不幸福，世上还有谁配享"幸福"这两个字？愿你一直幸福下去！

尘世间有太多美好会随着年华逝去，但是，善良和温暖却可以永恒存在，就像太阳一般向万物馈赠光和热，让这个冷漠的世界有了值得留恋的价值。

如果你身边有这样一个温暖的姑娘，而你恰好喜欢她，就勇敢去追求她吧。因为你一旦拥有了她，就拥有了太阳，就算世界再冷，你的生活也会温暖如初。

如果你恰巧就是这样的姑娘，请别急，你一定会幸福的。请你继续做一个阳光、温暖的姑娘，继续爱你的那些梦想吧！

3. 这个世界不会辜负你的努力

这个世界是公平的，它不会因为你的默默无闻而不给你机会，不会因为你没有学历而不给你希望。相反，这个世界唯一不会辜负你的，就是你的勤奋和努力。

前些日子，我跟一位十多年没见面的老乡在网上聊天。聊到工作时，跟他一比，我发现自己虚度了十几年光阴。

从读书到工作这段时间，我的日子再平凡不过：读书、实习、毕业，然后按部就班地上下班——没有看过绚丽的风景，没有经历跌宕起伏的故事，甚至连基本的温饱都马马虎虎。

这位老乡比我大几岁，我叫他安哥。当我向他倾诉自己郁闷已久的糟糕心情时，他以"老江湖"的口吻对我说："你呀，过惯了学校里的安逸时光，刚走上社会肯定扛不住！你还年轻，就算再过 10 年，你也才 30 出头，你有大把的时间去努力、去打拼，用不着在这里唉声叹气！"

其实，无病呻吟是一些人的通病，说到底，就是因为他们想得太多而做得太少——每天在两点一线的固定道路上奔波，心里咒骂着该死的命运，却还是不敢走出"水泥森林"。

你梦想着做一名医生，要去救死扶伤，而现实中的你却只是工地上一名平凡的搬砖小哥；你梦想着成为一名歌唱家，过上被光环围绕的生活，结果却成为大街上叫卖葱油饼的大叔。

当面对现实，刚开始时我们可能会挣扎一下，但更多的人连挣扎都懒得做，只是将自己的懒惰和碌碌无为堂而皇之地推给命运。

我们不会对自己失望，遇到过错就一味地原谅自己，或者将过错推到别人身上，然后感叹我们怎么这么倒霉，给自己树立一种"非我不行，乃命运不公"的形象。

我有一个同事，坐在我对面的办公桌办公，他经常在办公室里抱怨——

年底奖金那么少，连坐趟飞机都不够；工资涨了好几年，还是不过 5000 元，想出国玩一圈也不行；月底又要还房贷了，看上一件西服也舍不得买……总之，他啰唆不断，好像一天不跟别人吐一吐苦水，生活就失去了意义一般。

起初，我对他无限的抱怨嗤之以鼻，可转念一想，他不就是我们很多人的"缩影"吗？只是，我们嘴上不说，放在心里在骂而已——五十步笑百步罢了！

安哥的童年并不十分幸福，父母在他小时候就离婚了，母亲一个人抚养他，家里的经济状况不是很可观。后来，安哥为了减轻家里的经济负担，读到初二时就辍学到外面打工。当时，他只是个十几岁的孩子，既没技术又没学历，所以四处碰壁。为了省下一些钱，他每天只吃两顿饭——馒头和咸菜。

那段时间，在高楼林立的大城市里，他活脱脱就是一个另类。他渴望改变，渴望被尊重，渴望融入城市里，像那些市民一样生活。

尽管生活如此糟践他，但他从没有抱怨过，因为他知道：抱怨只会让他更加身心劳累，唯有耐心地接受现实，才可能等到实现梦想的机会。

后来，有一家机械厂招工，他犹豫再三后决定去面试。幸运的是，他被录用了。

刚进厂时，他在生产线上搬货，属于纯粹的劳力。虽然每天都很累，但他把所有的委屈都默默地放在心里。

后来，一次偶然的机会，生产线上缺人手，他被派去顶岗。线长看他勤快，活干得好，就把他调入了生产部。

当安哥第一次看到生产线全程都是由电脑控制的，他心里很是吃惊："原来可以这么先进。"于是，他决定学习相关知识，完善、提升自己。

每天下班后，他就到书店去找工程类的书看。因为很早就辍学了，很多知识点他都看不懂，只好死记硬背下来，第二天上班时再向前辈请教。不久，他被提拔为生产管理助理，后来他又被升为生产科科长，成为公司里最年轻的基层干部。

安哥干了一年科长后，决定辞职自己去创业。当时很多同事都为他惋惜，因为科长一职好比"铁饭碗"，可以说只要工厂不倒闭，他的工作和生活都能得到保障。

辞职的时候，工厂领导也再三挽留他，甚至提出要给他加薪。可安哥还是谢绝了领导的好意，坚决要去实现自己的理想。

离职以后，安哥开了一家生产废料处理厂，针对一些生产废料做回收业务。由于早年的工作经历，他有了几家固定的客户，当然，他也和原来的东家成了生意上的合作

伙伴。如今几年过去了，安哥的生意做得越来越好，算是
年轻有为，羡煞旁人。

后来我问他："你事业做得这么成功，接下来有什么
打算？"

他对我说，他准备去日本学习，因为他发现日本的废
物回收利用技术远比国内成熟得多，他想把日本的技术引
进国内。

作为一个生长在新世纪的年轻人，和安哥聊完天后，
我一整夜都没睡好，倒不是嫉妒他现有的成就，而是为自
己的安逸现状而惭愧。

这就是我眼中学力不高的安哥，他现在已经跟国际接
轨了，虽说他没读过几年书，但他有高眼界和爱钻研的
劲头。

相比之下，许多饱读圣贤书的人，毕业后一心想找一
份舒适的工作，找一家待遇好的单位，从此安稳地过完这
一生。殊不知，人这一生最怕的是碌碌无为，到头来还安
慰自己平凡可贵。这着实令人不解！

当我问安哥："你哪来这么大的干劲？"他说："因
为我过得不舒服，我想改变现状！你呀，其实就是过得太
舒服了，才会有这么多抱怨。"

是啊，能有时间抱怨生活，那就说明生活过得还不是很糟糕，起码还没到吃了上顿没下顿的地步。世间从来就不缺乏愤青，而他们最大的特点，就是整天用批判的眼光看世界。简单来说，不过是井底之蛙罢了。

如果我讲的仅是一个穷小子逆袭成成功人士的故事，那就未免有些俗套——就在去年，安哥刚刚和老家的镇政府签订了合约，要在老家开分部，协助治理工业污染。另外，除了技术人才，其余员工打算都用老乡，为家乡的环境、百姓的就业做贡献。

这个世界是公平的，它不会因为你的默默无闻而不给你机会，也不会因为你没有学历而不给你希望。相反，这个世界唯一不会辜负你的，就是你的勤奋和努力。

我不敢说自己有多努力，但我敢说我浪费的时间不多。我现在正在努力地学习写作，因为我不想失去每一个锻炼自己的机会，而我之所以努力付出，是因为我也想成为像安哥一样有抱负、有成就的人。

想一想，这些年我们浪费了多少时光，虚度了多少岁月？

醒醒吧，别把时间都花在永无休止的抱怨上，拾起那些不经意间就会流逝的时间碎片，用你的双手为自己打造一片天地，至少等你满头白发之时，能够让你悔恨的事情少一些。

4. 人生最美的风景是内心的淡定

我们曾如此渴望命运的波澜壮阔，到最后才发现，人生最曼妙的风景，竟是内心的淡定与从容。

我有一个喜欢了多年的姑娘，她叫燕子。

五年前，我们在同一所学校读书，巧的是，我和她被分到同一个班。每次遇见，她总会扬起笑脸甜甜地喊我一声"哥"。起先我不高兴她这样称呼我，还跟她抗议，可后来慢慢地也习惯了：她喊我，我便答应。

在学校读书的时候，燕子不乏追求者。听说她一天最多收到过20封情书，而且每一篇都是文采不凡、才情奕奕的美文。有些情书后来还被改成诗歌，登载在当时的校报上。

燕子和其他女生比起来，算不上特别漂亮，但是够精致，有气质。而我作为她的哥哥，顺理成章地成为她的保护者。当年，我还跟几个追燕子的坏学生打过架。

燕子跟很多青春文艺片里的女主角一样，品学兼优、模样可人，是老师眼中的乖学生。每次考试，她都名列前茅。在别人眼里，她足够优秀、足够完美，可她却不以为然，总是那么平静，那么严谨。

虽然我比她大，但基本上都是她照顾我，因为我是个爱捣蛋的男生——我居然理所应当地被她照顾了三年。

高中那会儿，学生基本都住校。燕子有家人陪读，所以她是少数几个走读生之一。那时候，学校食堂的饭菜一般，燕子每次都会从家里给我带红烧肉，于是，我每次吃红烧肉时连盘子上残留的汤汁都会舔掉。

现在想起来，当时真是傻的不能再傻了。当然，现在想起这些往事，还都是满满的感动。

高中毕业后，我留在了省内读大学，燕子去了成都上学。在成都，燕子认识了一个叫麻子的帅气小伙子。三个月后，她告诉我，她和麻子恋爱了。

燕子还是和以前一样知性、温柔，好像任何事都在她的预料之中。她不喜欢"秀恩爱"，也不怎么更新 QQ 空间的动态，不过，就算在有男朋友的情况下，她也会定期跟我通电话——还和以前一样，她会跟我说一些我妈总挂在嘴边的话："别熬夜！""少喝酒！""天冷，记得多穿衣……"

不是兄妹，胜似兄妹，我常常被她的唠叨弄得眼眶湿润。她很少跟我讲她恋爱的事，我也没去刻意"八卦"什么。

再后来，燕子和麻子分手了。这是我从别人那里得知的。当我听到这个消息后，脑子一热，立马打电话过去，本打算宽慰她，结果反被她唠叨了一通。

燕子，你分手了还那么心大，你是"无敌美少女"吗？说起这个傻妹妹，我总是心疼。

有一次，燕子和我通电话，我才知道她去了西藏，在当地一所小学里支教。

这所小学加上校长只有三位老师，另一位是广州来的姑娘。所以，燕子需要担任三个年级的班主任兼任课教师，每天都会备课到深夜。

我对她说："傻瓜，干吗去那么远？累了就回来吧！"

她却说："在这边很开心，可以更接近天空、更接近自然、更接近我自己。"

之后那段日子，我心中总有想去看看燕子的冲动。于是，忙完手头工作，我休了年假，风尘仆仆地出发了。

下了飞机，转大巴车，历经三个小时才到镇上。接着又蹭了当地藏民的拖粪车，摇摇晃晃地来到了燕子所在的学校。

我到的时候，天已经黑了。

进门之后，我的第一个想法不是冲上去跟燕子来个久别的拥抱，而是在怀疑自己是不是找错了地址，或者说认错了人。

眼前站着的这个人面容黝黑、干燥，像是煤场里的工人。当时她正在做饭，手里还抱着一捆柴，不断地往灶里添柴火。如果她不开口，我绝对不敢认她。

见面时，没有电影里那种紧紧拥抱的场景，也没有煽情的哭戏——我放下行李，拿过她手中的柴火，很自然地蹲下来替她烧水。

晚饭喝的是稀粥，吃的是我从江苏带过去的萝卜干。那一顿饭，我们吃了足足两个小时。

吃完饭，我们就那么对坐着，傻傻地看着对方。

我不能理解她的想法——放着南方小城美好的生活不

过，独自一人跑到这鸟不拉屎的地方，还把自己糟践成现在这个样子。

我本想照着她当年数落我的模样数落她，可欲言又止。不过，当我在那里待了几天之后，我似乎有些理解燕子的感受了。那几天，我帮着她一起打扫卫生，替她敲课钟，和她一起给孩子上体育课。

我作为局外人在陪着她做这些事，如果非要说出一个理由的话，我也只是舍不得她而已——如果不是她，我根本不会到这个地方来；如果不是她，我也根本不会有这样一次经历。

那晚，我和她坐在学校的院子里聊天时，我问她："为什么会选择来西藏支教？"她说："因为我想活得随心一点、安静一点。"

我又问："你打算什么时候回去？"她看了看星空，说："说不定明天就回去，也说不定以后就扎根在这儿了！"

在我还没有开口劝她前，她先开口了："其实，这些年我同很多人一样，也曾希望能家庭美满、事业有成，过上在很多人眼里看来是体面的生活。可世上有千万条路可以走，有千万种活法可以选，为什么一定要活成别人眼里的样子呢？我现在生活得很开心、很充实，这样不是也很好吗？哥，你说对吗？"

我接不上茬儿，只是一个劲地点头。

这些年来，一直作为她的保护者的我，一直被叫作哥哥的我，对眼前这个妹妹有了更多的心疼。同时，我也感到欣慰——因为她已经活成了自己向往的模样，且还是一如既往地安静、从容、坚韧。

从西藏回来后，我又开始了日复一日的工作。夜晚一个人在家里，想起远在千里之外的燕子，此刻的她，应该在书桌前批改学生的家庭作业，尽管灯光有些暗，她却很笃定、很充实。

燕子，此刻我不知道该说些什么。你喊我哥喊了这么多年，一直以来，我都明白，那些年不是我在照顾你，而是你在照顾我——在学校里，我常刷你的饭卡，抄你的作业，就连感冒发烧都是你给我买的药。

好像我从没对你说过"谢谢"——今晚，我想把这句"谢谢"送给你：嗨，燕子，谢谢你。

就是这样一个内心安静的姑娘，此刻正在远方从容地批改学生的作业，然后安静地睡去……

自从大学毕业后，我走过不少地方，吃过很多家饭店的红烧肉，可都没有燕子曾经带给我的红烧肉香——又肥又嫩，滑溜溜滚进喉咙里，有时还会被烫得眼泪稀里哗啦。

真的好想再吃一次哦！

此刻我在无锡，一个人站在阳台前看着夜景发呆。你呢？在那遥远的地方，你还好吗？

燕子只是一个普通姑娘，但她是一个优雅的姑娘。这样的人遇事淡定、做事从容，让人觉得温暖，在无形中会给人精神上的鼓舞。而她的无私帮助，则更令人刻骨铭心，感动不已。

"我们曾如此渴望命运的波澜壮阔，到最后才发现，人生最曼妙的风景，竟是内心的淡定与从容。"

你是否也是这样的人呢？不是的话，那就努力向这类人学习吧！你的身边是否也有这样的人呢？有的话，你一定要珍惜！

5. 独享一个人的时光

这个世上，总有些人会教会你一些事。终有一天，我们会活得很好——那时候，你就会明白，一个人其实也没什么不好。

我的好友小乔有个毛病，不为自己过生日，连蛋糕都不吃。

这是病，一定得治。

有一年小乔过生日，我悄悄地订了个 12 英寸的蛋糕送给她，谁知道她翻着白眼，愣是等蜡烛都烧灭了也不肯许愿、吹蜡烛。那天我很生气，觉得自己的心意被无情地辜负了。于是，我就捧着蛋糕回家，穿过狭窄、古老的小巷，一路颠簸弄得满手都是奶油。

次年小乔过生日，我又提着蛋糕去了，她还是不肯许愿、吹蜡烛。这让我很不高兴，于是我一边说着我的苦心，一边给她唠叨"金刚界大日如来咒"。

不等我唠叨完，小乔走到橱柜前翻出一张照片，上面是她和一个男生的合影。

高中的时候，小乔爱上了比她大一届的学长。那时候的她，脑子里装的都是学长，总想着会和他步入婚姻生活，风雨同舟，白头偕老。可是，上天没有给她这个机会。

他们分手的那天，正巧赶上她的生日。于是，她的生日就成为那段感情的"忌日"。不等我感慨，小乔就对我说："如果只是这样我也不至于，其实我不愿意过生日，还有一个原因。"

后来，小乔和一个男生相恋。高考后，男生去广西读本科，她来到无锡读大专。从那时开始，他们正式加入了异地恋的阵营。

学校附近有一家蛋糕店，蛋糕的味道很棒，所以生意一直很好，店里经常有情侣光顾。

小乔每次都拽上我来这家店瞧瞧、看看，就是什么都不买。半天下来，我那双强劲有力的双腿硬是跑成了软趴趴的棉花绳。小乔则是拿出手机一通猛拍，还逼着我当她的免费摄像师。

她会把每一天的生活点滴，毫无保留地分享给千里之外的男朋友：

"嘿，亲爱的，今天我们食堂免费送饮料啦！我领到了两罐可乐，嘿嘿，你可不许喝可乐哦，那东西伤身。"

"亲爱的，快看，快看，这是我们学院的文艺晚会。台上的歌手是我们班同学，唱得可好听啦，嘿嘿，如果你在，肯定唱得比他还好听。"

"亲爱的，快起床啦，无锡这边今天下雪了，好美！如果你也在，我们一定要出去走走，因为一不小心就会一起白了头。嘿嘿，广西的冬天冷不冷啊？"

……

这就是属于她的恋爱，她会随时随地将自己的生活"实况转播"给千里之外的他，就好像彼此就在各自身边一样。

小乔的男友话很少，至少在我的印象中是这样，可以说惜字如金。比如每当小乔高高兴兴地发过去一大段内容，他只回复几个字："是吗？"后来，他连字都懒得发了，只会回一些表情符号。

和很多异地恋情侣一样，他们也开始吵架，原因只是小乔吵醒了他的周末好梦——她只是想叫他起床吃早饭，他却吼着挂断了电话。之后，他并没有打电话向小乔道歉，而可怜的小乔却偷偷躲在厕所里哭了一个上午。

有过异地恋经历的人都知道，对方的一点点情绪在另一方身上会被无限放大，开心如是，悲伤亦如是。小小的手机屏幕，却成了她的全世界。

寒假到了，小乔飞去广西看他。他总是在忙学校里那些什么社团的事，她便一个人在他的学校里遛弯儿，但仍会在短信里向他"转播"她一天的生活：

"亲爱的，你们学校好大啊，我都差点迷路了。"

"还有，你们学校的图书馆真棒。我现在在图书馆四楼，你平时也常来吧？如果我在这里读书的话，一定每天陪你来占座位。"

从广西回来后，小乔还是和往常一样，唯一的不同就是不怎么碰手机了。后来，她告诉我："我们分手了。"

小乔说："大梦初醒，我竟然演了一出独角戏。"

我忙劝她："你们毕竟谈了这么久，还有回头的余地吗？"

小乔说："不必了，都过去了，只是我没想到正好在我生日那天分手。"说完，她就忍不住流泪了。

千里迢迢跑去与男友过生日，等来的却是一句"分手吧"——换了谁，能不哭呢？

　　又过了一年。小乔生日那天，我打电话过去，没人接听。我只好拎着蛋糕，坐了一个小时的车给她送去。

　　当晚，小乔请我在惠山脚下的一家小餐馆里吃饭。饭菜上桌，她拍了一张照片，在QQ空间发了一条动态：祝自己生日快乐！发完以后，她抓起一块羊棒骨埋头猛啃。

　　当时的我，吓得手心冒汗。

　　一个她此生非嫁不可的男生，在她生日那天，彻底逃离了她的世界。

　　这些年，她仿佛只是在全心全意演着独角戏。当谢幕之后，她才幡然醒来，原来，他从未走进她的世界，她也根本就不属于他的世界。一直以来，她都是一个人；此刻，她还是一个人。

　　是啊，一个人，不也一样活得神采奕奕吗？

　　后来，小乔跑去常州听林俊杰的演唱会。从常州回来，我问她听完之后有什么感想。她说，一个人活着，不是也挺好吗？

　　去年农历腊月初三这天，小乔打来电话："喂，死狗，起床没？今天是我生日，麻溜地把蛋糕给姐姐送过来。"

　　"乔大脸，你敢站我面前再说一遍吗？信不信我分分钟把你打哭，臭妮子！"

还没等我说完，她就挂了电话。我打通学校那家蛋糕店的电话："喂，我订的 12 英寸蛋糕做好没？半小时后我来取。"

小乔已然成长为另一个自己了。

这个世上，总有些人会教会你一些事。终有一天，我们会活得很好——那时候，你就会明白，一个人其实也没什么不好。

6. 人生中不能承受的孤独的重量

只有撞过很多次墙的人才懂得，与其想着依赖别人给你安全感，不如多留些时间给自己，学会与自己相处，试着和自己对话，听听自己内心的声音。

好友 L 毕业之初，独自一人背着包，领略了一番滇西的风土人情。当他在微博里上传了很多美景的照片时，朋友都羡慕不已。

而另一位朋友 C，就没有那么顺利了。他一直想学打篮球，于是和一个志同道合的朋友约定一起到俱乐部报名。虽然两个人都热衷篮球运动，可他们两人的作息时间不一致，老是碰不到一起，结果最后交了钱，却没打过几回球。

有时候，需要两个人共同完成的事，往往不如一个人来得干脆。

不知从什么时候开始，我养成了一个人饭后散步的习惯——打开音乐、戴上耳机，顺着马路牙子一直走，走到不想走为止。

当你一个人出去散步的时候，你的身边不仅仅只有你，路上还有其他跑步健身或者散步的人。很多人会问我：你总是一个人散步，是因为性格孤僻吗？还是说喜欢装？

这样的想法太俗了吧？一个人的时光，不该是自己最奢侈的体验吗？一个人的时候，可以静下来和自己对话，聆听自己心底的声音。

有人认为，放空自己必须要去深山老林，甚至世外桃源，可对我而言，哪怕是在喧闹的城市街头，心一样是宁静的。

　　我很难跟旁人解释清楚我为什么喜欢一个人上下班，一个人散步——好像在当今这个互动性空前强大的时代，"一个人"这个词听起来总是让人觉得有些奢侈，甚至有些尴尬。

　　此刻我走在马路上，在路灯的照耀下，马路显得格外亲切、温柔。此刻我没有其他任何社会标签，我就是我，只是一个普普通通的人。因为此刻的放松，才让我更有勇气去面对未来会出现的种种困境。

　　不仅是我，我的一个朋友也喜欢一个人的时光。他特别喜欢一个人戴着头盔、围着防风头巾，去外面骑行——当风景不断从眼前闪过，那一刻，整个世界都安静了。

　　还有一位写作的朋友，他每次都是在家人睡去后夜深人静时写稿。一个人坐在书房里，静静地畅游在文字的世界，有时候会不知不觉地写到天亮。但是，每每聊到这些，他满脸都是愉悦，不知疲惫。

　　电影《美人鱼》上映期间，一个朋友上网查了半天，最终还是没有买票，问其原因，是因为没有相邻的两张连票，他一个人不愿意去。一个二十好几的男生，居然不适应一个人的时光。

　　这让我不由得想起以前在中学读书时，就连上厕所都要拉帮结派一起去；周末回家坐车，也一定要找一个同伴。现在想来，那不过是固执地抗拒生活的真实状态而已。

说来也巧，那天吃过晚饭，家人都在打牌，我独自买了一张票钻进电影院，好好地欣赏了一下《美人鱼》。且不说对影片的理解有多么深入，但起码我是认认真真从头看到尾的。反观那些三五成群进影院看电影的人，要么全程叽叽叽喳喳聊个不停，要么电影正片还没开始就已经呼呼大睡了。

幸好，坐在我前排的哥们儿也是一个人来的，看完电影往外走的时候，我俩还互相点头示意。我不需要清楚他到底要表达什么意思，我只需明白自己的内心便已足够了。

公司有个技术型宅男，跟我聊到互联网时，总是滔滔不绝，让我这个"电脑盲"望尘莫及。可是，当他跟我说两个人之间可以虚拟一个空间，把想说的内容通过脑电波上传到服务器，这样就能相互接到彼此的脑电波，形成一个反射——此时，我感觉自己的每一根汗毛都竖了起来。

我所说的一个人的空间，一个人的时光，是相对而言的，如果真像同事所说的那样，孤独的意义何在？一个人的时光究竟要以何为参照物？

一朋友被女方家里催婚，他还没想好要不要结婚，无奈向我求助，问我该怎么办。

我说："当你们可以相互依存，又可以各自独立的时候，就是该结婚的时候。"

他说："要是达到这个境界了，还是没想好呢？"

我甩了他一个白眼："再见！"

其实，无论是依赖性强的人，还是比较独立的人，内心的孤独是一样的，因为这是与生俱来的，不会因为身边的人增多或减少而有丝毫改变。

既然生命的本质就是如此，何必非要去别处寻找安慰呢？

一个和我关系不错的女性朋友，一天跑来问我："为什么我跟男朋友谈了好几年，但总是觉得他不理解我呢？"

我说："为什么非要他对每件事都理解你呢？反之，你能做到每件事都理解他吗？"

她低头不语。

我说："有那些纠结的时间，你一个人去逛逛街，买件衣服或者看场电影，该多好！"

人总是这样，一生中的很大一部分时间都浪费在了无谓的纠结上。

孤独其实并不可怕，可怕的是我们害怕孤独。我的那位朋友不明白欲擒故纵的手段，充分证明了她还只是停留在你情我侬的海誓山盟阶段。

与其想着依赖别人给你安全感，不如多留些时间给自己——学会与自己相处，试着和自己对话，听听自己内心的声音。只有这样，你才会知道自己想要的是什么。而且，这个能力你将受用一生。

如果非要说我喜欢一个人的时光，不如说我喜欢一个人时的那种状态——旅行、跑步、恋爱，都是如此。

种种生活方式并不冲突，只要你学会合理分配时间，你根本不需要依赖谁，或迁就谁。想做什么，就立马去做，根本不用等谁，这就是我所喜欢的一个人的时光的感觉。只有这样，我们那些爱好、情怀，才不会被生活辜负。

我们独自一人来到世上，最后也会独自一人离开。望着这尘世的嘈杂，若是没有内心的坚持，人生又有什么意思呢？

7. 抽点时间读读书吧

我们生活在一个飞速发展的时代。我们身边的一切都是快的——坐的是快车、走的是快步、吃的是快餐，就连恋爱都是快餐式的。

我曾多次被人问："会做菜吗？"

有一次，当我点头表示会时，对方竟然大吃一惊："你会做菜？你一个五大三粗的汉子，居然会做菜？"

是啊，我会做，不仅会做，而且还做得很美味呢。退一步讲，如果不会，不能看书学菜谱吗？如此，总不至于有一天会因为不会做菜而被他人嘲讽！

看来网上流传的那句话"人丑就要多读书"，也并非空穴来风。俗话说，勤能补拙，正因为我笨，所以我必须要努力；因为我丑，所以我才更要多读书。

我们生活在一个飞速发展的时代，我们身边的一切都是快的——坐的是快车，走的是快步，吃的是快餐，就连恋爱都是快餐式的。为什么一定要那么快呢，慢一点又何妨？

不知道怎么慢下来吗？要不，就从坐下来读书开始吧！

王东是我的大学同学，特别喜欢看书，并且一直在坚持看书，他总是给人一种心性平和、不急不躁的印象。

当别人问他为什么如此淡定时，他总会来一句："多读书啊"。读书已经成了他的一种生活方式，和吃饭、睡觉同等重要。

王东是个杂食性读者，西方文学名著、东方诗歌、古代历史、当下畅销书，他都会读上一读。他喜欢读书这件事，朋友几乎都知道，倒也不是我们刻意宣扬，而是我们的书基本都被他借过。

他喜欢看书，但很少买书，因为看的书一般都是借来的。他周围的朋友，但凡能借的书都被他借遍了，就连藏在橱柜夹层里的书，都被他扫荡一空，还美其名曰"人不走空"。因此，王东还有个"借书专业户"的别称。

我囊中羞涩，很少买书，就是买也都是买经典之作，所以只要被王东盯上，那真的是祸事了。

书多书少没关系，只要想读，图书馆里多的是。

每次借来的书，王东都会抓紧认真地看完。因为书是借来的，所以他会边看边做笔记——每读到精彩处，他还会整段地摘抄下来。也因为手脑并用，很多看过的书他都能背诵出一小段。

那些借来的书，在看完之后他会原样归还，所以朋友也乐意借书给他。有一年，学校图书馆举办借书记录评比，王东因为还书很准时，还被列入可以大批量借阅的 VIP 人员名单。

可是，我的一本收藏版《平凹散文》，他到现在都没有还给我。也罢，反正他的《我是猫》还在我手里。

就读书这件事来说，它给我们的生活带来的乐趣有很多。

还有一位兄台，他曾因迷恋漫画《阿衰》而得名"阿衰"，我甚至都忘了他的本名叫什么了。

据说他的家庭是书香世家，从他太爷爷那辈开始，就代代是读书人。他也酷爱读书，他家的书橱里摆满了各种书，算是我们最大的书库。我们几个人在一起，总有聊不完的话题。

每次哪里有新书发布会，他肯定会去，就算排队熬到最后也要买一本回来。前阵子，白岩松来无锡举行《白说》的签售会，他特地请了半天假去排队买书，足足等了三个小时。

我看过的书，好多都是从他那里借来的。现在我和他在不同的城市工作，相聚的机会也少，但是，我们有一个永恒的共同话题，那就是：今天你读书了吗？

前不久，他还特地寄了三本书给我，说他看过了，猜我一定也喜欢。收到书的那天，久违的阳光重新洒满了整个大地，在湿冷的季节里，我感到阵阵暖意。

有时候，书也可以成为老来相守的陪伴。

我的一位大学老师对读书有着不一般的情感——对他来说，书让他获得了重生。

那时候，他因为长期坐着写作，得了中风，半身不遂，整个人只能瘫痪在床。不过，虽然身子动不了，意识还是清醒的。

他躺在医院的病房里，每天只能呆呆地盯着天花板。后来，他爱人拿来好多书，每天坐在床边一本一本给他读。读他自己出的新书，读他曾经爱不释手的《红楼梦》……

就这样，他爱人一页一页地读着，一页一页地翻着，当读完第五本书的时候，老师竟然奇迹般地康复了——他的身子慢慢恢复了感觉，手指逐渐能动了。后来，经过几个月的康复治疗，他竟然站起来了！

因为书的存在，祖辈的智慧和经验、方法才得以流传后世。书虽不是包治百病的灵丹妙药，却可以叫罪人忏悔、让浪子回头。那书里说的，也能如佛一般，度化浑浊的心灵。

前阵子，朋友圈被一个叫 Philani Dladla 的南非小伙给刷屏了。

这个从小在南非谢普斯通港长大的年轻人，曾经是无家可归的吸毒少年，后来因爱读书而走出阴霾，告别了流离失所的生活。现在，他帮助越来越多的人爱上了读书、摆脱了贫困。

南非小伙子的故事还在继续，他现在仍在街头卖书、赠书，与书为伴，活得自在而充实。

生活中，还有很多喜欢读书的人，他们爱读书爱到了骨子里，这种生活与名利无关，与旁人无关。马未都老先生曾坦言，他自己只有小学文化水平，但从未停止过读书。他博览群书，当年读过的《红楼梦》，至今还能轻松背出其中的段落。

他后来从事收藏，再后来创办了观复博物馆，但他从未停止过读书。那些曾经看似无用的知识，在他后来的人生里发挥了重要作用。他更坦言，如果以前没有读过那么多书，他很可能会错过很多机会，也就不会成为现在的著名收藏家了。

现在，由于社会的节奏很快，所以有些人对于读书抱着很强的目的性、功利性，甚至高呼"读书无用论"者大有人在。

其实，生活完全可以慢一点，读书也不该那么功利。不妨在下班后拿几本书好好读一读，那些看似无用的知识，会在无形中孕育你的气质，你的修养、谈吐也会随着读书量的递增而渐渐提升。

可以说，读书是一次心灵的旅行——那些你从未涉及的世界，你都会在书中看到、听到、感受到，那该是多么美妙的经历啊！

我们不能决定富裕与贫穷，也不能决定悲苦与幸福，但这并不影响我们去读书——它可以在你寂寞无助的时候，给你力量与勇气，给你温暖和希望。读书吧，别让自己活得那么潦草。

读书有什么用呢？我相信，当你试着读完一本书的时候，答案自会揭晓。

8. 生命不息，就像每天在跑步

生活中，我们经常会遇到困难，有时候还能把我们压得喘不过气来，这就到达了一个临界点。

你是不是经常羡慕别人身材有型，却怎么也放不下手中的啤酒与炸鸡；你是不是经常抱怨自己工资不高，却怎么也不会想到自己有拖延症；你是不是经常向往别人在旅行路上观赏大好河山，自己却不愿意出门，而是抱着手机在家宅了无数个无聊的周末……

亲爱的，你是不是这个样子？

如果羡慕嫉妒恨，至少说明你还有所追求。身材不好可以去锻炼，公园、社区、健身房，处处是健身塑形的好地方；钱不够花就努力去挣，能力不足就花功夫去学，没什么大不了，只要勇敢向前踏出一步，就是进步。

别把造成自身窘迫的处境怪罪于他人，别把浮躁的生活用来作为成长的养料，你唯一可以做的就是反思当下，改善不足；你唯一可以抱怨的，就是那个还不够拼命的自己。

想要变得优秀吗？那就从跑步开始吧。

阿龙是我大学时期一个非常爱健身的朋友。

当宿舍里其他人都睡得天昏地暗时，他已经在操场跑了五公里；当晚自习结束后，室友都开始组团准备通宵玩"英雄联盟"时，他已经做完了200个俯卧撑；当周末清晨的学校里还是一片寂静时，他已爬到了惠山的二茅峰。

阿龙原本有机会去当兵，可拗不过家里人的反对，只好作罢。大专毕业后，他又读了两年本科。他去新学校那天，死活要带着他的运动器材，其中那张深褐色的瑜伽垫，已经因他的汗水掉色成了浅灰色。

阿龙来自苏北农村，家境一般。小时候没有健身设备，他就自制沙袋，吊在屋子后面的树林里，年复一年地锻炼。后来，沙袋换了好几个，那棵用来吊沙袋的老槐树被坠弯了腰。

阿龙过 18 岁生日的时候，他父亲送了他一双跑鞋，当时花了 280 元钱买的，那相当于阿龙一学期的零花钱。那双鞋，阿龙穿了好多年，缝缝补补后又穿了一年多，一直穿到鞋底烂了没法儿再穿才扔掉。

其实，当你真正决定开始运动，你就会发现：跑步更是一种态度，一种有如参禅悟道般的修炼，与年龄、金钱、地位等没有什么关系。

只要你想跑步，就算光着脚丫子也无关紧要；只要你想跑步，就算是 80 岁的老翁也不是不可以。

老家的村里有一位九十多岁的大爷，每天早晨都要跑上几圈，跑不动就走，走不动就挪——这一跑，竟跑了小半辈子。

之所以说跑步是修炼，是因为跑步跟苦行僧修行有异曲同工之妙。有过跑步经历的人一定有这样的感触：每次跑着跑着就会感到疲惫，一般跑到 2000 米左右疲惫感最强，就像达到一个临界点。

苦行僧通过走路感知世间疾苦，感悟佛法宏大。当他到达一定阶段时，情绪会有波动，会心生疑惑，这就形成了修炼的临界点，就是人们常说的瓶颈期。如果你咬咬牙、跺跺脚，坚持下来了，当渡过临界点后，会有一种"柳暗花明"的特别感受。

以前在学校里时，我习惯绕着操场跑，每次跑到三圈半、四圈的时候，嗓子眼和胸口都会特别难受，胸口还会因缺氧而疼痛。而我每次都会咬着牙继续往前跑，等到跑过第六圈时，疲惫感就消失了；等跑过了十圈，再跑五圈也没有问题。

在我看来，跑步如此，生活也是如此。

生活当中，我们经常会遇到困难，有时候还能把我们压得喘不过气来，这就到达了一个临界点。如果能咬咬牙坚持下去，往往就能战胜困难，然后只需继续向前奔跑。

既然说跑步如修炼，那肯定不容易，怎样才能坚持下去呢？

当你跑步时，尝试在五公里内不要停歇，并且用手机软件记录自己的路程以及跑的步数。

你可以边跑步，边听节奏欢快的音乐，让你的步伐跟着音乐的节奏走，如此一来你将收获更美妙的体验。你还可以每天拍一张跑步时的照片发到微博里，当作对自己的考核，等坚持一段时间后，你就会发现坚持跑步原来也不是很难。

想要做一个优秀的美男子，那就从跑步开始吧。

当你把每天的闲暇时间都用来跑步的时候，你就会如苦行僧悟透禅意一般恍然大悟，诚如网络名句："你若盛开，蝴蝶自来；你若精彩，天自安排。"

心情不好的时候，先别急着发火，不妨去跑跑步，不一会儿，浑身的怒火就会烟消云散；工作压力大的时候，不妨去跑跑步，压力不经意间就会缓解大半。

你会在运动中发现，条条大路通罗马，就像你的人生一样不会是个死胡同，你不必经过任何人的指引，就可以顺利到达你想去的地方。

这个世界，依然很美好。

在这座城市，我相信一定会有那么一个热爱跑步的人，和我在同一个夜晚，在同一个街头的转角相遇，彼此微笑示意，然后继续前进。那将会是很美好的画面。

人这一辈子又何尝不是一次长跑，在途中我们会遇见更好的自己，也会遇见合适的朋友和另一半。

对有些人来说，早晨起床是一件很痛苦的事，而一大早去跑步更是一件很困难的事。但是，总有那么一些人可以很早就起床，一年四季，天天如此——他们就是风雨无阻的跑步者。

我们都是普通的凡人，谁也没有上天入地的本领。然而，我们又都是自己的超人，至少可以决定每天该怎么过。

你以为前方已经到路的尽头了，实际上希望可能就在前方不远处。那些比我们优秀的人都在默默地努力着，我们还有什么理由停下脚步呢？

生活中，我们的周遭虽然有太多太多的"自己"，但也总会有几个阿龙——喜欢就去做，就去追求，就去拥有。

读万卷书，行万里路，"身体和灵魂必须有一个在路上！"终有一天，我们都会在平凡的运动中感受到一股无形的力量，那股力量叫作前进。

9. 做一个刚刚好的自己

时间超级无情，当你刚想说声"对不起"，可能已经来不及了。

小学的时候，妈妈会说，你个小浑蛋，再不好好学习，我就叫你爸收拾你。你这么不学好，以后怎么会有出息？你说你考不进年级前十名，总不至于老是全班倒数三名吧？

高中的时候，妈妈会说，这次的成绩怎么这么差？对了，上次打电话到家里找你的那个女孩是谁呀？怎么老打电话给你啊？你拿篮球干吗去啊？整天就知道打球，怎么就不知道好好学习？

大学毕业的时候，妈妈会说，你一个人在外面，上班很辛苦，多吃点肉，别太省了。你们年轻人喜欢睡懒觉，周末记得吃早饭啊。别着急挣大钱，够自己花就行，我跟你爸暂时用不着你的钱。忙的时候，别忘了锻炼一下，老是坐着不动对身体不好。

工作以后，妈妈会说，儿子，你不要老是宅在家里，出去找同事聚一聚。有没有钱？老妈给你一千块够不够？上次张阿姨给你介绍的姑娘，最近联系了吗？可以打电话约出来吃个饭啊。咱家亲戚里就剩你一个没结婚了，自己抓点紧。

春节回老家，妈妈会说，儿子，想吃啥？妈给你做。碗筷你别管，放着我来收拾。你难得回家一次，多待几天啊，让老妈好好看看你。外面怪冷的，把你爸的军大衣披上。

最后，妈妈会说，我们钱够花，别老是给我们钱，倒是你出门在外，别太省了，没钱了就跟家里说啊。

刚认识的时候，女朋友会说，我喜欢的是你的人，又不是看上了你的钱，只要你永远爱我，永远对我好，我就是世界上最幸福的女人。

热恋的时候，女朋友会说，以后我们买一架高低床好不好？到时我跟闺女睡上面，你跟儿子睡下面——闺女不能随你，你太黑了。以后我们出门的时候，你带一个孩子，我带一个孩子，哈哈哈，真幸福。

热恋后期，女朋友会说，你怎么还不出去找工作啊？

你能不能有点志气？像你这样的话，以后拿什么给我幸福？

谈婚论嫁时，女朋友会说，你们家还买不买房子啦？咱们的条件太差了，孩子生下来都是负担，如果给不了孩子好的条件我宁愿不要孩子。我妈说了，你们家要是不买房，咱俩就好聚好散。

结婚后，女朋友会说，去把碗收拾了，顺便把衣服晾一下。你有脚气，不要穿我的拖鞋，你这个人怎么这么不自觉啊！

最后，女朋友会说，买这双鞋才 2300 块，你就舍不得啦？嫌贵就不要问啊。

这样，结果就是：妈妈一直都在，但女朋友早就卷铺盖走了。

所以，每每不如意时，我就好想妈妈，好想吃妈妈做的油炸肉圆子。一想妈妈，我就会去吃肉丸子。

对现在的"狮子头"来说，也是如此。人一旦失魂落魄，连养的狗都跟着满脸忧愁。

"狮子头"是我的好朋友，她总是把一头乌黑亮丽的秀发烫成一个个小卷，然后扎一个丸子头。可我每次看见她，总觉得她头上顶着"丸子"，像极了红烧狮子头，所以给她取外号"狮子头"。

这几天，"狮子头"的房间一片狼藉，冰箱上挂着一只袜子，金鱼在盆里潜水憋气，墙上的挂钟嘀嗒嘀嗒地也没有力气。"狮子头"和男朋友分手已经一周了，她妈妈特意从乡下赶过来看她。

她妈妈住在 300 公里外的苏北农村，一天只有一趟班车发往这里。"狮子头"住在无锡城外的郊区，离车站还很远。

她妈妈是起了大早，赶早上 5 点半的大巴车来的。此时，老妈刚收拾完屋子，"狮子头"下班回来了，她没有力气跟妈妈说话，躺在沙发里眯起眼来。

老妈第二天就走了，她走的时候，"狮子头"还在蒙头大睡。手机响了，是领导打来的："昨天的方案做好了吗？今天上午 10 点之前要交给客户，你自己看着办吧！"

妈妈呢？"狮子头"胡乱拨了拨头发，只见桌上摆着做好了的早饭，碗下面还压着一张字条："我回去啦！我怕把你吵醒，走得早。早饭做好了，起来记得吃啊。"

屋子里不见妈妈，"狮子头"立刻拨通妈妈的电话："妈妈，你在哪儿呢？"

妈妈在排队买票，说："妈妈回去了，你赶紧起来吃饭吧……"话还没说完，"狮子头"再也忍不住，蹲在地上哭了起来。电话那头的妈妈也哭了，说："你总是这样愁眉不展，叫人怎么办啊？"

"狮子头"听见妈妈的哭声，更加伤心了。

有一次，"狮子头"喝多了，我约了朋友成英等几个人去酒吧找她。成英准备扶她回家，她一把推开成英，然后自己狠狠地摔在了地上。

我伸手去扶她的时候，她坐在地上大哭，哭得肝胆俱裂。她双手抱着膝盖，头埋得很低。

后来，她一直喊着："妈妈，妈妈，妈妈……"

她说："我还没有挣到钱，还没有结婚，还没有牵着你的手去公园溜达……小时候家里穷，你没有钱给我买新衣服，就拿隔壁哥哥的旧衣服改成裙子让我穿；那时候夜里热，没有钱买风扇，你就拿着蒲扇为我扇了一夜……妈妈，我不要穿新衣服，不要吹风扇，只要你不要老得那么快啊……"

"狮子头"哭着哭着就好像睡着了。

成英伸手去扶她，她又开始哭。她坐在地上，哭着说："妈妈，我会好好吃饭，尽量不挑食，从明天起，我要自己学做菜，学做红烧肉、炖鱼头。我会交好朋友，很好很好的朋友，你看，这几个狐朋狗友都在这儿，一个都不少。"

大家听了之后感觉很欣慰，于是又叫了两箱啤酒，然后喝到大醉，一起在酒吧里唱《烛光里的妈妈》。

第二天酒醒，我浑身无力地躺在床上，随意翻开床头的一本书。刚翻开第一页，夹在书中的一张照片掉了下来，是妈妈和我的合影。

照片里，妈妈脖子上系着一条紫葡萄色的丝巾，胳膊上挎着一个老式布包，抱着我蹲在一片油菜田里。

每次去正式场合，妈妈都会系着丝巾，这么多年一直都是。她的老布包已经破了好几个洞，她用针线把破洞缝成了一朵朵小花。我一直想给妈妈买个新的，可她不让，一直用着它，从没想过要换。每次离开家时，我总是会用这个老布包带一份油炸肉丸子。

妈妈是个普普通通的家庭妇女，识字不多，方向感不好，这么多年去过最远的地方就是无锡，那还是因为来看我。

有一次，妈妈没通知我就来了，所以她是一路问人，倒了三趟公交车才找到我住的地方。小区有门禁，她就蹲在路边，一直等到我下班。

妈妈现在用的还是老式手机，手机外壳的油漆已经磨光，按键数字都看不清了。我曾劝过她，说换个智能机会方便些，能听歌、能拍照，还能上网呢。

妈妈说："用习惯了，新的也不会用啊。"

我说："没事的，我教你。"可是，直到现在妈妈用的还是旧手机，因为我很少有时间回家，更不用说教她了。

电话响了，我一看，是"狮子头"打来的。她说："我想妈妈了。"

我说："那就抽空儿回去看看。"

她说："等忙完这个文案吧。"

那天中午，"狮子头"和我在楼下吃饭，她接了个电话，立刻拨开桌椅和人群，出门就招手打车。车还没来，她的眼泪就冲掉了脸上的粉底。

她的钱包、身份证全都落在了桌上的包里，她什么都没带就打的去了车站。我只好赶忙冲出去，拦下一辆出租车，对司机说："追上前面那辆车。"

我终于赶到车站，看见"狮子头"蹲在售票窗口边。我送她进站，告诉她一切都会好的。

"我回去啦！我怕把你吵醒，走得早。早饭做好了，起来记得吃啊。"

"妈妈回去了，你赶紧起来吃饭吧。"

"你老是这样愁眉不展，叫人怎么办啊？"

妈妈去世前，只留给"狮子头"这三句话，也没能见"狮子头"最后一面。

办完丧礼后，"狮子头"从老家返回。她原来蓬松得像狮子一样的头发，已经扎成马尾，走路一甩一甩的——跟她一打招呼，大马尾会啪地甩在你脸上。

妈妈说："你老是这样愁眉不展，叫人怎么办啊？"

"狮子头"说："妈妈，你放心吧。"

后来，我好像隐隐约约看见"狮子头"说："对不起。"没错，因为我会读唇语。

周末的时候，妈妈从老家过来看我。她见我穿着流行的破洞裤（乞丐服），找来针线就要给缝上。可是，一根线穿了半天都没有穿上，妈妈说："老啦，眼睛看不见啦！"

我一低头，才发现妈妈的头发全白了。

妈妈眯着眼努力地想把线穿过去，我望着她，心想：妈妈老了，穿不上针线，缝不了小花了。

看着看着，我突然眼睛一酸，故意别过脸去，说："妈，我去换一条裤子。"然后偷偷躲到房间里把眼泪擦干。

我陪妈妈去菜市场，买了猪肉、葱、姜、蒜头、面粉、鸡蛋，做了一大锅油炸肉丸子。我打电话叫大家一起来吃，"狮子头"第一个冲进来说："肉丸子在哪里？"

不一会儿，人全都到齐。大鹏边吃边数着，嘴里念念有词："一个、两个、三个……"

我说："你干吗呢？"

他端着一盘肉丸子大步出门，回头咧着嘴说："我们家还有两个人没吃饭呢，拿点回去给他们娘俩尝尝。"

"狮子头"一边吃一边哭，边哭边说："我想妈妈了。"

成英只顾着吃，话都不说一句，好像少吃一个就会挂掉似的。

小的时候，妈妈会说："想吃啥？妈给你做。"

毕业的时候，妈妈会说："想吃啥？妈给你做。"

结婚的时候，妈妈会说："想吃啥？妈给你俩做。"

有了孙子孙女的时候，妈妈会说："想吃啥？奶奶给你做。"

我从梦中惊醒，发现出了一身冷汗，原来是个梦。

电话响了，我拿起来一看，是妈妈打来的："什么时候回家啊？"

我说："妈，还不确定呢！不跟你说了啊，我上班要迟到啦!"

我刚跑两步,猛地跌倒,睁开眼睛,我还躺在床上,原来又是个梦。

我用力掐了一下大腿,感觉到疼,真是个梦。

我起来走到阳台前,拉开窗帘,突然想起"狮子头"在她母亲葬礼上的样子。葬礼上,她跪在墓前,一句接一句地说着:"对不起,对不起……"

时间超级无情,当你刚想说一声"对不起",可能已经来不及了。

我打开手机,拨通老妈的电话,说了声:"早安!"

老妈说:"这都几点了还早安,我都准备做午饭了。是不是又喝酒啦?说了多少遍,少喝酒,少喝酒,你就是不听。"

我赶紧说:"妈,这次我真没喝。"

我一边听着老妈的唠叨,一边哼着歌洗脸刷牙,准备去菜场买菜买肉,然后叫上"狮子头"他们,一起做一顿油炸肉丸子。从此,只要想妈妈了,我就吃一顿狮子头。

无情的总是时间,所以在无情来临之前,一定要挽着妈妈的胳臂走街串巷,陪着她和邻居聊天……

我们踏着晨光出发，踩着夕阳回家，当夕阳照在我们身上，妈妈的白发就会变成金发。

10. 不忘初心，始终热爱

相见争如不见，有情何似无情。

我有一个五岁的干女儿红红，是个面店老板的女儿，小脸蛋红彤彤的像是熟透了的苹果，乖巧可爱特招人喜欢。她每天站在面店的门口，用稚嫩的声音帮着爸爸叫卖：油泼辣子、凉皮凉面……

南方的冬天湿冷，爸爸怕她冻着，里三层外三层把她裹得严严实实——秋裤、毛裤、大皮裤，一样不少。她细小的脖子上缠着又大又厚的纯羊毛围巾，头像是被卡住了，只能转动整个身子。

爸爸忙于生意，无暇照顾她，她就自己在店里玩。她算不上那种水灵的女孩子，却着实是个机灵的小丫头片子，连撒娇都招人喜爱。

我常去她家的店里吃面，她每次都会爬到我腿上，跟我一块儿吃东西，弄得她爸爸只要见我来就会上两份面。

小丫头非常懂事，她会把碗里的肉夹给我吃，还说只给长得帅的人吃。

有一次，她从外面慌张地跑进来，不小心撞翻了旁边客人的面。她爸爸气得伸手要打她，她一头扑进我怀里，对我说："你做我爸爸好不好？那个是坏爸爸，红红不喜欢坏爸爸。"

一旁的客人听后，都笑得前仰后合。

自以为经历过大场面的我，竟会被一个小丫头给问住了——我还真的是第一次紧张地挠头、摸下巴。

她爸爸从厨房走出来，说："我看出来了，这孩子跟你亲，认下这个女儿吧，她以后会孝敬你的。"

不知是谁在起哄：叫干爹，叫干爹……

这女孩真是聪明，见此情形，连忙抱住我的大腿："干爹，干爹，你当我爸爸好不好？"于是，在我刚满20岁的时候，便白得了个五岁的干女儿。

从此，红红就有两个爸爸了，亲爸爸负责挣钱，干爸爸负责陪吃陪玩。一到周末，红红几乎就像路边的鬼针草一样粘在我身上。每周五下午 3 点后我没课，就会去幼儿园接她放学。她老远看见我，便会狂奔过来，扑到我怀里，一声又一声地叫"爸爸"。

一次，一旁的一位家长感叹道：这位爸爸真年轻。小丫头转过头，露出甜甜的笑脸，问："我爸爸帅不？"然后拉着我的手穿行在那条小吃街里。

周末的时候，我会陪红红出去玩。我会抱着她去公园里看老人打太极，带她去爬山看日出，去庙里为她祈福。如果左手抱得酸了，就换到右手里。走在街上，我总是很自豪地给别人介绍：这是我闺女，亲生的。

晚上，我会坐在床边哄她睡觉。她白天没玩够，晚上还拽着我的手要我给她讲故事。我给她讲《哪吒闹海》《三只小猪》《抢枕头》的故事，讲了半天她根本就没有困意。无奈，我只好给她讲《西游记》。

很快，小丫头便倒在我的怀里睡着了。我轻轻地把她放到床上，替她盖好被子，关上灯后，我就回自己的住处了。

冬夜里清冷静谧，漫天星斗争相闪烁。我像个奶爸一样呵护着我的宝贝女儿，那时候我刚满 20 岁，只是个还在读书的大学生。

红红的爸爸木讷寡言，甚至有些呆板。别的饭店每逢节日，优惠酬宾活动会搞得热火朝天，他家的面馆从来不搞这些。面馆里只有一块破旧的菜单招牌，如果不是熟客，如果不是这条街太短，几乎不会有人发现。

他每隔三个月就会去银行存一次钱，我不知道他存钱干什么——寄给远方的父母？留着给红红当嫁妆？还是攒够了钱再找一个老婆？

有关红红妈妈的事，几乎是绝密档案。

红红和她爸爸来到这座陌生的小城时，红红刚过百天，尚在襁褓中。听红红爸爸讲，红红妈是个南方女子，五官端正，精致的脸上长着一双水灵的大眼睛，格外引人注意，他当时就是被那双眼睛给迷住了。

他讲到这里时，呆滞的眼神里流露出难得的光芒，但很快又恢复了原样。

我问他："她现在在哪儿？"

他停顿了一会儿，没说话。

他给我看过很多照片，那都是他与红红妈的合影，也是他生活的精神支柱。当年，他与红红妈妈相识三个月后便决定结婚，村里人都夸他有本事。半年后，红红降生了。

那天，天有些阴，秋风不再似之前那般温柔，像刀子似的刮得人生疼。外面行人少得可怜，本就偏僻的村庄显得更加死寂。红红妈毫无征兆地离开了，而红红爸过度伤心，不想再待在老家，就带着红红去往别的城市。

刚出火车站，红红爸被人骗光了所有的钱，只能带着红红露宿街头。就是在这条小街里，他被开面馆的好心人收留，住在了店里。一晃几年过去，红红也长大了。

去年老店主去世了，由于他膝下无子，就把这几平方米的小店留给了红红爸。后来，红红爸就把家常面改成了陕西风味。

他的店里，招牌上有一道面名叫"回来就好"。

这道面被顾客点了无数次，却没人知道店主要等的人是谁。红红爸很努力、很辛苦地卖面挣钱，如今红红已经上幼儿园了，他在这座城市里也有了栖身之所，但他还在卖那份"回来就好"。

6月的一天清晨，他的小店门口突然围了很多记者，要求采访他，吓得他一整天都没敢开门。

原来，一位在杂志社工作的食客吃了他家的"回来就好"，写了篇文章发表后，导致他的面馆声名鹊起，生意出奇地好——每天大家都在争相排队，就为了吃一碗"回来就好"。

媒体开始纷纷登门采访，电视台还发出了上电视节目的邀请，主要是想让他讲讲生意经。经不住各方来客的狂轰滥炸，他关了面店，带着红红回了陕西。

走的那天，我去车站送他们。

开始检票时，我上前抱了抱红红，有点舍不得她。

红红问我："爸爸，你眼睛怎么红了？"过了安检，红红回过头对我喊："爸爸，你怎么还不过来啊？车子快开啦！爸爸，爸爸……"我去车站里的食品店买水，等我回过头时，他们已经走了。

两年后，我路过那家面店，它现在已经改成了奶茶店。许久没有路过此处，我有些触景生情。

红红爸之前给我留了电话，我拨通了他的电话，心情很忐忑，不知该说些什么。接电话的是个小姑娘："喂，我是红红，我爸爸在厨房，你找他有事吗？"

"没事没事，让他先忙。"我挂断了电话。

后来，红红爸学会了用微信，我常与他在微信上细数家常。现在，他在老家开了一家苏氏面馆，名字还叫"回来就好"。

还有，我们聊得最多的便是女儿红红。他告诉我，红红不是他亲生的，事情的原委是：红红妈被前男友抛弃后想轻生，当时被他救下了。

等到去医院检查后，红红妈才发现自己怀孕了。为了她肚子里的孩子，他与她结婚了，她感激涕零，说要对他好一辈子。

可红红妈生下孩子不久就去世了。她死后，红红爸一直精神恍惚，老是觉着她还活着。因为在家里实在待不下去，他这才带着红红来了无锡。

慢慢地，红红长大了，他也觉得生活有了奔头。他说他会供她读书、考大学，等她结婚……他说了好多，最后还不忘告诉我："以后红红会孝敬你的。"

相见争如不见，有情何似无情。

如今，我的孩子即将出生，我也即将为人父了——我越来越理解红红爸，也越来越喜欢红红了。我告诉红红爸，我快当父亲了。他在微信里笑说，等着他来喝酒。

哈哈哈，一定要来。

第二辑

时间是所有人的朋友

那一瞬间，你终于发现，那曾深爱过的人，早在告别的那天，已消失在这个世界。心中的爱和思念，都只是属于自己曾经拥有过的纪念。

我想，有些事情是可以遗忘的，有些事情是可以纪念的，有些事情能够心甘情愿，有些事情一直无能为力。我爱你，这是我的劫难。

——安妮宝贝

1. 时间是所有人的朋友

你也可以试着早起一小时，做一些自己曾因忙碌而放弃的事，不在乎得失，只为了心情。

我们每天都好像被上了发条一样转个不停，从早上睁开双眼一直忙到晚上闭眼而眠。有时候也会忍不住抱怨：为什么每天都要把自己搞得焦头烂额？

但后来我发现，其实我没那么忙，或者说"忙"只是给自己的懒惰找了一个合理的借口。

前段时间，我咬牙跺脚、忍痛割爱般地终于在健身房办了一张年卡，原本打算每天去锻炼一个小时，结果只去了三四趟就再没去过了。

后来有很多事要忙，忙着上班、应酬以及其他各种杂事，因为健身实在不是一件必要的事，于是被我理所应当地安排在备忘录的最后一项——

因为要追剧《楚乔传》，健身先放一放；因为朋友请吃饭，健身先放一放；因为出版社的编辑催稿紧，要写文章，健身先放一放；因为生病了，健身先放一放。

说实话，我很后悔办了那样一张年卡，因为它并不便宜，最后它还是静悄悄地躺在我的某一本书里——成为我的"书签"。

我不是一个特别上进的人，但是能在痛定思痛之后及时调整自己。自上次得了健身房年卡的教训后，我决定每天早起一小时，跑步上下班。

说到做到。

公司离我住的地方有四公里，步行大概需要一小时，我就把这一小时从懒觉中抠了出来——每天 6 点起床，然后开始洗漱。6 点 30 分下楼去，接着在小区楼下练单双杠，顺便听一会儿日语听力；7 点上楼洗把脸，然后买来早饭，吃完再休息 5 分钟，最后才去上班。

这样，我每天都能提前 15 分钟到公司。

自从早起一小时以后，我发现每天不再那么忙了，很多事可以在这一个小时里做完，而且做好。我也不用计算着时间等公交，担心堵车的话上班会迟到。

我锻炼身体倒不是为了成为型男，只是觉得经常不运动的话会影响自己的健康，而且身体会发福，思维也会僵化。

最重要的是，在早起的时间里我可以做一些自己喜欢的事，这让我很开心。

我有个同事，每天都是忙得死去活来的状态——上班掐着时间进公司，下班后在路上边走边吃快餐，反正一天到晚忙个不停。后来才知道，他每天下班后打游戏会打到半夜12点，早上闹钟不响五次以上就没法儿起床。

为了赶公交，他经常饿着肚子就来公司了。总之，他留给别人的印象就像电影《流星语》里的李兆荣，胡子拉碴，蓬头垢面。他还经常抱怨时间不够用，睡不好、吃不饱。

看到他那个状态，我庆幸自己每天早起一小时的决定是多么正确了——不然，我笑话他不过是五十步笑百步罢了。

其实，我们大部分人都没有那么忙，忙只是给自己的懒惰找了一个借口而已。

小时候我们会想做很多事，有很多爱好，但长大了却只是在不停"折腾"，最后哀叹这个没有做，那个来不及。

上天给我们每个人的时间都是一样的，一天 24 小时，一年 365 天。无论你是乞丐，还是富豪，你只能有这么多时间——唯一不同的是，我们如何在同等的时间里做出不一样的成绩。

我们多睡一个小时并不能让我们得到更多的健康，一天当中还有很多零碎时间我们并没有高效地利用起来。也许你此刻正在玩微信，而别人正在看书；也许你此刻正在蒙头大睡，而别人早起后都已经干了很多活——那些你从不在意的时间，往往就是决定你今后生命高度的关键所在。

有人说，上班是谋生，下班后才是谋发展。那些我们借口说没有时间做的事，那些我们借口说很忙碌的日子，其实你可以更好地去安排和规划。

早晨不该睡懒觉，白天也不该浪费时间来玩手机。哪怕今天你抽空儿看了一篇短文，或者运动了 15 分钟，这些在短期内可能看不出效果，但你要相信，奇迹从来都不是一蹴而就的。

也许你正在被繁重的工作弄得焦头烂额，也许你正在为现状而一筹莫展，也许你对美好的将来已经毫无信心——不要紧，别想太多，活在当下，把握好每一分钟，你的时间就会有厚度，你的生活就会有温度。

你也可以试着早起一小时，做一些自己曾因忙碌而放弃的事，不在乎得失，只为了心情。不经意间，你会惊奇地发现，有些坚持竟变成了习惯。

当你不再因为忙碌而降低生活质量的时候，你会发现，充实的生活本来就挺好。

2. 优秀就是用心做好每一件小事

沉下心来，用心做好每一件小事，把本领练扎实，这才是硬道理。

小区外有一家小饭馆，蛋炒饭做得特别美味，我每次下楼去吃饭，总忍不住去他家点一份来吃。这家店里摆着几张黄木桌，整体环境干净卫生，在这样的小店里吃饭，心情都会愉悦。

其实，这里不单单是饭好吃，看厨师炒饭的过程也是一种享受。这家店是一对夫妻开的，他们两个人都能上灶台露两手。年轻的店老板话不多，他总是穿着一套素白整洁的厨师服，在厨房里忙上忙下，那专注的神情着实帅气。

他家的蛋炒饭做得很文艺，和别家不太一样：米饭粒粒圆润饱满，里面混合着黄的蛋花、绿的葱花，还会在上面盖一张摊蛋皮，香气扑鼻。

吃蛋炒饭，还能喝一碗额外赠送的牛肉汤，这汤油而不腻，咸淡适中。

不仅仅是炒饭，有一次见老板做京酱肉丝，做得同样细致：把一块精肉放在案板上，将其娴熟地切成丝，肉丝均匀、细长。葱丝亦如此。当酱料在锅中炒熟后，将肉丝快速倒入锅中，翻炒几下，肉丝和酱料的香味就都飘溢而出了，瞬间就能唤醒你胃里的馋虫。

青花餐盘早已备好，葱丝被摆成一朵花，静静地开在盘中，等热乎乎的酱香肉丝盛入盘中，一黑一白、一荤一素，搭配得就像太极阴阳图一样和谐美妙。

老板从不与客人胡乱攀谈，只负责在厨房里认真做菜；老板娘则坐在收银台后面算账，以及为客人上菜——宁静的空气里充满了温暖。

对于一道菜甚至一个人来说，宁静的气氛是多么难能可贵。

小时候，街头路边摊经常会有捏泥人的匠人。比如有小孩要买"齐天大圣"，匠人便不慌不忙地从箱子里掏出彩泥，低头捏起来。不大一会儿，他就捏出来一个栩栩如生的孙悟空。

你看，不管街头多么吵闹，泥匠都能安静、专注地捏泥人。

今年春节，我带着四岁的小外甥女上街闲逛，在老街的路口又看到了泥匠，我走上前去要给外甥女买个可爱的猴子。

泥匠还是和以前一样不爱说话，只是低头专注地捏着彩泥，不一会儿就捏出了一只猴子。小外甥女一手拿着彩泥猴子，一手拉着我满大街地跑，活像一只顽皮的小猴子。

世间最美的境界是无声无息，如万里冰封下的北国，如酣畅淋漓的小说，美得让人陶醉。

爱情的最高境界就是相知，彼此只要看一眼，你什么不说，我也全都懂。

自从见到数对情侣劳燕分飞，我常常想，什么样的感情不能长久，要尽力规避。比如整天大吵大闹，从不给对方喘息机会的喋喋不休式；比如总是想从对方那里索取的贪得无厌式；比如常常疑神疑鬼，从不信任对方的杞人忧天式。

后来我发现，以上恋爱方式都有一个共性，那就是太闹腾。可想而知，这样的爱情如何会好？

我经常会遇到一些喜欢吵吵闹闹并乐此不疲的人。比如坐公交车时，整个车厢就只有他在用手机闲聊，好像他不说话，别人就会当他是哑巴。而他说的无非就是家长里短，别无其他。

每个人都想走通向成功的捷径，快速到达人生的顶端。但是，想要获得成功，最重要的品质是冷静、是专注——沉下心来，用心做好每一件小事，把本领练扎实，这才是硬道理。

成功的定义有很多种，并不是每个人都能当上 CEO，都能娶到白富美，但是那些专注于事业的人，不正是一种许多人祈望而又没达到的成功吗？

我欣赏那些专注的人，是他们让我明白了，生活的艺术在于专注，而不在于世人眼里所谓的成功。他们把精力都放在了自己的职业或事业上，不会跟人做不必要的辩解，更不会跟人无意义地争吵。

一生有多长？记忆有多久？几十年后，一切都是尘埃。

一个人的生活过得好不好，就看他能不能参悟。古人早就将这个生活的道理说得一清二楚了。

所以说，努力做一个专注的人，用心把每一件小事都做好，如此才能笑看风云。

3. 学习是证明自我价值的一种方式

学习是一种态度，无论是学一门语言、一种技能，还是学一些生活常识，它本身都会给我们的生活带来不同。

上学时，我不是班上的"尖子生"，不过我明白，学习是永远正确的选择。后来，我参加了工作，但关于学习的信条还是没有变，也还在学习。因为，学习总归是没有错的。

好友李菲大学毕业后，没有立刻找工作，而是跑到韩国去进修韩语了。刚到韩国的时候，她把钱全部拿去报了各种培训班。她一度穷困潦倒到浑身上下只剩十元钱；最困难的时候，连着欠了房东三个月的房租。

而跟她同届的同学，工作的工作，结婚的结婚，生娃的生娃，就她这么个活宝跑到国外去深造学习了。

那时候，几乎所有的朋友都反对她留学。

"都毕业了，抓紧找份工作，谈个对象，不是很好吗？干吗那么折腾自己？"

"一个女孩子学那么多有什么用？"

李菲听后虽然嘴上不说，心里却暗暗较着劲。她白天在学校上课，放学后去打工，下班了还得熬夜看书。周末从来没有睡过懒觉，每周都要坐一个小时的公交车，再换乘半小时的地铁去培训机构听课。

每晚打工下班后会很累很困，她却不能提前睡觉，硬是把当天的听力题给做完了。刚睡四五个小时，起床的闹钟又响了。她知道这是一条艰辛的道路，但她不后悔。

李菲经常在我已躺在床上睡成"大"字时，打来电话向我问好："喂，睡了吗？最近好吗？"

"好个毛线，这个点了，你不睡觉也不让我睡，这是要闹哪样啊？"我闭着眼继续睡。

后来我才知道，那段时间她经常熬夜，生物钟整个乱了，一到夜里就睡不着。

学习生活很充实也很辛苦，一年多下来，原来胖墩墩的李菲硬是瘦了十几斤。毕业后，她留在了韩国，面试当天，一共有二十多人竞聘同一个岗位，结果只有她被留下了。

我后来才知道，李菲在留学期间，不仅拿了韩语专业等级证书，还考到了韩国认可度很高的会计从业资格证。她的专业能力很强，还有在国外工作的经验，这样的人在国内一定也会受到用人单位的青睐。

当李菲对工作处理得游刃有余的时候，她彻底明白，当时毕业后坚持出国深造学习是对的。

其实，学习不单单是为了找个好工作，更是一种生活目标。有的人平时除了工作，好像没有其他生活方式——他们习惯抱着手机玩"斗地主"，一年也读不上一两本书，有时候需要写字，可有些字已经忘了怎么写。

这才离开课堂几年呢，怎么就早早地放弃了学习，还总是摆出一副"我什么都懂"的样子！难道只有坐在课堂里才叫学习吗？

其实，感知生活也是学习。

跟我在一个科室工作的一位老师傅今年 51 岁，是个特别爱生活、会生活的人。

他懂的东西很多，生活常识、旅游攻略、养生、锻炼等，都很了解，就像一部全套的百科全书。比如科室里有个小姑娘身体不舒服，他看了一眼说："回去多喝点金银花茶，降降火就没事了。"两天后，果然见效了。

这位老师傅每天都坚持看书，什么内容的书都看，宇宙天体理论、相对论、中医养生、方法论，无所不包。相比一些年轻人，他是不是可爱多了？

我经常与他聊天，当我问及他学习的事，他总是笑笑说："人活着，不糊涂，即是福分。"

是啊，多学习不就是多一份乐趣、多一点福分吗？

很多结了婚的朋友或同事，他们开始变得懒散了，如今胡子拉碴，喜欢躺在沙发上一边嗑瓜子，一边看电视剧，不亦乐乎。即使曾经励志要当大文豪的同学王波，现在也早就把梦想抛到九霄云外了。

前阵子，在微博上感动了无数人的 84 岁老人张仁鹏，在武汉体育学院旁听了 10 年，而被诊断出前列腺癌晚期后，他仍旧没有停止学习。这才是真学习。

毕业后，我也忙得不可开交，但我并没有因此放下学习，而是一边工作，一边继续学习日语。

机缘巧合下，我开始写些文章。当别人已经倒头大睡，我的写作可能才刚刚开始。那段日子，我经常会熬夜写到凌晨。

有一回，我打电话给李菲，想问候一下她。可是电话刚一接通，李菲在电话那头就劈头盖脸地凶我："几点啦，还不睡觉？天天熬夜是会死人的，你想自杀啊？"

我轻声对她说："好了，没事了，你睡吧！"

现在，晚睡的人太多了，不过我劝大家还是要按时睡觉：休息好，才能身体好；身体好，才能活到老，学到老。

也有很多人问我：我的工作不需要太多知识，还有必要去看书学习吗？

学习不应该抱着很重的功利心，我不敢保证，只要你好好学习，明年就一定会升职加薪，生活就一定能柳暗花明。

学习是增长知识的一种方式，更是自我要求、自我实现的一种途径。

学习是一种态度，无论是学一门语言、一种技能，还是一些生活常识，它本身都会给我们的生活带来不同。

电影《那些年，我们一起追的女孩》里，柯景腾对沈佳宜说："我希望这个世界能因为我而有那么一点点的不一样。"我想，学习也可作如是观。

4. 只要是你认定的，那就值得一试

这个社会上有太多的"我"——他们和我一样，害怕尝试、接触新鲜的事物，所以在保护自己的同时，也错过了很多美好。

人的一生中会有很多个节点，20岁算一个。

20岁，纠结的年纪，你既想早日独立，摆脱父母的束缚，又不想过早地承担生活的负担；20岁，尴尬的年纪，你没有那些混迹江湖多年的油子老辣，又比稚气未消的学生党多了一份生存压力。

20岁之前，你高呼着"青春万岁""失恋无罪"，对世间所有的名利都不屑一顾，觉得它们都太俗气；20岁之

前，你总是觉得自己无所不能，"天生我材必有用"，于是通宵熬夜、整瓶喝酒，你觉得那就是青春该有的样子。

不知不觉，一不小心，你就走过了 20 岁。

20 岁之后，你走出校园踏上了工作岗位，突然意识到生活原来并不是那么一帆风顺——

你会发现，原来工作不是那么容易上手，迟到真的会扣钱；你会发现，家人开始对你无休止地催婚；你会发现，物价的涨跌与你息息相关，你照样会因为它下跌而哀叹……

20 岁之后才发现，有些事再也没有机会去做了。

初中的时候，我暗恋班上一位女生。有好多次，我看见她在折星星，于是问她送给谁。她笑着说，送给自己喜欢的人。

毕业那年，那女生送给我一只手工做的布娃娃。我满心狐疑，她把自己折的星星送给谁了？

多年后，那个布娃娃还留在我身边。无数个难眠的夜晚，我都会盯着布娃娃发呆，怀念曾经的青葱岁月。

后来，一次搬家时我不小心扯烂了那个布娃娃，里面的纸星星洒落一地。我蹲在地上，目瞪口呆，许久说不出话来。

就在几天后，我从朋友那里听说那个同学下个月要结婚了。有那么一瞬间，我突然很后悔当初为什么没有去争取一下。

那一刻，我才猛然清醒过来，自己已经不是小孩子了。

我突然意识到，有太多事自己都没有去尝试，如果当初勇敢一点，结果可能会不一样——前面没有豺狼虎豹，后面也不是万丈深渊，我们为什么要瞻前顾后呢？

这个社会上有太多的"我"——他们和我一样，害怕尝试、接触新鲜的事物，所以在保护自己的同时，也错过了很多美好。但是，这个世界上偏偏就有人喜欢张扬、喜欢折腾。他们是这样一种人，拥有截然不同的青春信仰：趁青春，必须要折腾。

高中时，睡在我上铺的兄弟是个出了名的花花公子，他换女朋友的最快记录是一周内换了两个。这让我等至今都望尘莫及。

一直到上了大学，他依旧备受青睐，前前后后交过的女朋友加起来足足可以坐三大桌。他的QQ空间动态，永远都在不断地删除、更新。

每次失恋后，他都会找我哭诉，但不出三日他会满血复活，重新成为招蜂引蝶的风流公子。有时我会像个"欧巴桑"一样劝他："那姑娘不错啊，干吗要分手呢？"

他说："我还年轻啊，怎么能吊死在一棵树上？世界那么大，何必单恋一枝花！"

我对他的回答竟无力反驳。可是，一辈子只爱一个人，这到底是悲哀呢，还是幸运呢？

有句话火了好一阵子：世界那么大，我想去看看。我的确很佩服那些说走就走的人，但是，绝大多数人也只是在微博里面苍白地叫嚣着口号，却怎么也不敢踏出第一步。

来一场说走就走的旅行，是很多年轻人的梦想。有些人在梦里神游了滇西北、青藏线；有些人只需要看看别人发在网上的视频就心满意足了；还有一些人，非要固执地背起包，去"看一看世界的繁华"。

我的一位大学好友小马哥，是个风一样的男子。他辛辛苦苦干兼职挣了一笔钱后，买了一台单反相机，准备以后一个人"仗剑走天涯"。

毕业后，他带着相机，一个人去了大理。他说，他想要拍出一种有情怀的照片，名字都想好了，就叫《老人与海》。

他去大理绝对不是跟风，因为他曾专门跑到那些远离市区的小村子里，拍一些当地的农民。而且，他是买了一张硬座火车票，坐了40个小时一路颠簸过去的。

他说，他喜欢慢悠悠的生活，喜欢看窗外飞驰而过的风景，喜欢在路上遇见奇奇怪怪的人。

他认识了几个驴友，一路上互相照应，比家人还体贴。

在滇藏线上，一位骑行去香格里拉的俄罗斯姑娘帮他修车，搞得满手是油，他感动得忘记了拍照留念，这也算是他那次出行的一个遗憾。

人这一生，有些遗憾无法避免，但是，只要能在有限的时光里做喜欢的事，和喜欢的人在一起，不就已经很好了吗？

20岁的年纪，我们对待感情有时可能会用力过猛，这样反而容易失去对方，而无意间的一个微笑、一句问候，却很可能让温暖留存很久；20岁之后，工作、买房、买车、结婚、生娃等一系列事情接踵而来，很多人好像立即步入了中年。

所以，如今有些人很少愿意静下心来好好看一本书了，他们总说年轻就要折腾，青春不容浪费。他们都很浮躁，总想一口吃成个胖子，一夜暴富——不过是20岁出头的样子，却非要把自己过得像40岁的中年人。

　　身边的朋友一个个过早地结婚、生娃，你一边为他们送祝福，一边感叹青春不再。何必呢，何苦呢？

　　其实，与其悲悲戚戚，不如坐下来读上两本好书，或者约上三俩好友小聚一下，或者来一次旅行，看看外面的世界。别再患得患失了，看喜欢的书，做喜欢的事，和喜欢的人交朋友，让过去成为过去，努力抓住当下，用心把握未来。

　　别去问为什么，放手去做，放眼去看，自然会知道答案。

　　总之，20岁的年纪，你要抓住——好好工作，好好学习。最后，要保持住年轻的心，并且让它为你今后的人生出彩。

5. 别让梦想仅仅成为一纸空谈

有时候，我们有梦想却没有实现它的勇气和毅力，我们哀叹生不逢时，但梦想之火燃起的瞬间，我们又会活生生把它扑灭。

前阵子看一挡喜剧节目，其中一个小品里面有这样一句台词：容易实现的，那算不上梦想；轻言放弃的，那算不上诺言；要想成功，你得敢于挑战；飞机飞不上天，你永远是保安。有了梦想，才有美好的明天。

"你的梦想是什么？"

梦想这个词，好像离我们很近，可真的被人问及的时候，又觉得很空洞、很遥远。其实，在我看来，梦想可以是某个具体的目标，这个目标会成为你不断前进的动力，这样你至少不会太容易迷失。

有一位远房表哥，从我上初中开始，他就嚷嚷着要混出个名堂来。但到现在，虽然工作换了十几份，三十多岁的他依然入不敷出。

这位表哥比我大十多岁，他在学校读书时就幻想着有一天能成为富甲一方的土豪。说起他的经历，有一句谚语十分贴切：一瓶不满，半瓶晃荡。

表哥初中没读完就辍学了，一开始他打算去学厨师，说厨师工资高。可是，他学了两年连厨师证都没拿到，原因是练习太少，连基本的刀功都不过关。

体验了一把厨师瘾之后，表哥又相继学了修车、瓦匠、装修等。如果说单凭跨行业这一点来看，表哥是厉害的，按时髦说法，他是个不折不扣的"多栖职业者"。可他到头来一事无成，这也是一种悲哀！

随着马云和阿里巴巴的成功，表哥开始跟我聊金融行情、投资理念等听着有些晦涩的名词。他总是跟我吹他的创业蓝图，说什么看中了一个项目，有前景预测，唯独缺启动资金，然后就是好一番感慨。

可据我了解，在任何一个岗位上，表哥都没有任职超过三个月，学力要求高的工作，他干不了；卖体力的，他又不愿意干。就这样，一天天，一年年，一晃蹉跎了最美好的年华。

关于表哥的荒唐事还有很多，反正他后来也没什么作为。而我也确信，他以后依然不会有什么作为。

我有一个同学，以前他也算富二代，后来因为一次变故，他的家境一落千丈，还欠了一屁股债——几乎在一夜之间，他尝尽了人间冷暖。

曾经，他的人生理想是成为一名作家。此前对他来说，当名作家是一种体面而又休闲的生活方式。可是，在遭遇突如其来的变故后，我们都以为他再也爬不起来了。

他销声匿迹了很久，QQ 空间动态也不再更新，大家都不知道他去了哪儿，也不知道他现在在干什么。

就在前不久，我在街上偶遇到他，和他聊了聊，才对他这两年的情况有所了解。

家里负债之后，他便到郊区一家旧书店上班，并在附近租了一间民房。平日店里没有生意的时候，他就从早到晚看书。有时候下班了，他还会借上两本带回家看。

一次，书店老板看过他写的一些文章后，觉得他颇有才学，便推荐给一位杂志社的朋友发表了。再后来，他用这两年攒下的钱开了一家自己的书店。现在，书店的书架上有他自己出版的书，而他也因此成为别人的励志榜样。

在实体书店市场日益萎缩的今天，他的生意却出奇地好。前段时间，我听说他还在自己的店里开办了专题读书活动。

有一次，我问他成功的秘诀是什么。他说，他没有忘记当一名作家的梦想。对他来说，开一家赚钱的书店并不是最重要的事，他只是在用自己的方式做着自己想做的事。

电影《美人鱼》上映后，再次创造了票房纪录。这让我想起电影《喜剧之王》中周星驰的一句经典台词："其实，我是一个演员。"这是多么平实的一句话，我想，正是周星驰对梦想的坚持，才令他获得了如今的成就。

不论是默默无闻跑龙套的演员，还是创造票房神话的"喜剧天王"，周星驰从没辜负自己要做一名好演员的梦想。也正是如此，他才赢得了"十年一影帝，百年周星驰"的美誉。换言之，如果没有对梦想的坚持，周星驰不可能有今天的成就。

我们不是没有梦想，而是不能把梦想具体化，也没有去实现它的勇气和毅力。我们哀叹生不逢时，但梦想之火燃起的瞬间，我们又会活生生把它扑灭。

梦想是什么？

在我看来，自己喜欢的东西就努力去争取，并且为之不懈奋斗，这就是梦想！

别让梦想等太久，从今天起，就开始去追它吧。

6. 人生不只有一种可能

我不怂恿任何人去做各种尝试，只是希望诸位的生活不要如一潭死水。

人生在世，我们不能决定自己的家庭出身，但更多的东西经过后天的努力我们可以自由选择，譬如知识、见解、信仰以及生活方式。

生活是丰富的，任何一种单一的生活，我都觉得无聊。

在无锡，我碰到了一位五十岁上下的卖唱大叔。

6 月里，一位满脸花白胡子的大叔，安静地坐在草地边自弹自唱——木吉他破旧，衣服宽大而且打了皱，人却极其精神，像是落入凡尘的神仙。

多么轻缓的旋律，多么温柔的歌声。我站在那里听得入了神，脚站麻了也浑然不觉。

大叔弹完一首曲子后会停下来喝水，休息片刻。此时，他的眼神与我对视了一下，儒雅地对我微笑着。

大叔每天都会来公园，他已经成为公园的一个"标志"。每天下午3点左右，他会背着那把破吉他，对着来来往往的行人弹唱。地上放着他的吉他包和一只水杯，他从不吆喝，也不主动与路人攀谈，有人给钱，他会欣然接受；没人给钱，他也不恼。

或许是我引起了他的好感，他主动让出半边凳子，叫我坐下休息，并跟我讲述了他的前半生。

20年前，他是某市的一位著名企业家，频频上当地新闻。那个时代，白手起家的人有不少，但能把事业做到他那么大的却不多——他的企业在鼎盛时期有一万名工人。

他去过很多大学做演讲，给无数人传授过致富经验。

10年前，他生病住院做手术，经过医生三天两夜的抢救，才从死神手里逃了回来。

在他住院期间，企业交由他的侄子掌管。可是，半年后等他出了院，发现企业已经被转手，而侄子从此杳无音信，如同人间蒸发了一般。

一夜之间，他从大富翁变成了小市民。

他原本想打官司夺回企业，或者自己从头来过，东山再起。可是他发现，应酬了多年的挚友都纷纷远离了他。

一年后，在一次出行中他和他爱人遭遇了车祸。在医生的抢救下，他勉强活了下来——不幸的是，他爱人死了。

那一刻，他第一次体会到了生离死别的痛苦以及孤独的滋味。他开始酗酒，整天酒瓶不离手，大家因此对他更是避而远之。渐渐地，他不再关心这个世界，忘记了笑，不知如何继续生活。后来，他得了抑郁症。

五年前，在阿勒泰的一家二手乐器行门口，他见到了一把破旧的木吉他——干燥的风肆虐地卷起沙尘，沙粒打在吉他上发出沙沙的声音。

一瞬间，他感悟到了什么，毫不犹豫地买下了木吉他。从此，他就与吉他为伴，走了好多地方。后来，他来到了无锡。

他妻子曾对他说过，她喜欢范蠡和西施的故事，希望以后来无锡生活。所以，他就带着那把木吉他来到了无锡，并且常常去蠡湖公园，一坐就是一整天。天黑了，游人散尽之后他才回家。

他说，他要带着对妻子的思念坐在蠡湖边，直到死去。后来，每次去那里，我都会听他唱上半天。我们无需过多的言语交流，因为我懂他的歌。

三个月后，无锡已进入秋天。有天我没有见到大叔，突然觉得没有他的蠡湖少了些厚重，少了些温度。

前几天，他再次出现在那里，我立即冲过去，问他最近去哪儿了。

他说，他去了一趟妻子的老家浙江，在那里待了一段时间。以前他忙事业，没有时间陪妻子，以至于好多次她都是独自一人回娘家。他感叹道，如今他有大把的时间，却只能一个人奢侈下去。

他还说，下个月他要出去走走。

我问他要去哪里。他说："不知道，我只是想把那些没有走过的路，走上一遍。"

他补充道："以前，我总是认为人这一生只要出人头地，功成名就就圆满了。现在才发现，原来生活不只是一条单线，它更应该是一幅线条参差交错的多彩图画，现在我要做的就是多走出几条线来。"

我相信，这世上还有许多"蠡湖大叔"，以及流传在他们身上的动人故事。也许有一天，你会与他们相遇。

没有遗憾的人生是可惜的，而单一的生活更是可悲的。"蠡湖大叔"在历经大起大落、生离死别之后，选择了一种别样的生活方式，这在我看来与智慧无关，而是人生常态。

人的一生只有短短几十年，我们为何一定要中规中矩地过一种一潭死水般的生活呢？纯粹的成功，不是我们的归属——就像你从不吃辣椒，不妨试着吃一次，当你辣得泪流满面，一定会有不一样的感受。

一门心思地埋头学习，上名校、当学霸，又怎样？一心只在乎金钱、地位，当富翁、娶娇妻，又如何？

人生需要多种体验才能变得丰富，而丰富的人生才是完整的。

这世界上有各种各样的美好，但它们都有一个归属，那就是生活——真真切切的生活。我不怂恿任何人去做各种尝试，只是希望诸位的生活不要如一潭死水。

7. 仰望别人的幸福，就是低看自己的生活

你的生活并没有那么糟糕，而别人的生活也不尽然幸福。正所谓："如人饮水，冷暖自知。"

几天前，一位朋友找我喝酒，席间跟我发了一顿牢骚。一瓶啤酒下肚，他便开始跟我抱怨社会对他的不公。

大学毕业后为了找工作，他疲于奔命。几个月下来，他已经跑了无数的招聘会，个人简历到底发出多少份连他自己都记不得了。

他很不爽地说："为什么找一份工作这么难？为什么别人看上去都那么轻松？"好像除了他，别人都活得很好。

我看着这位朋友，不禁有点惊讶，因为无论是自身条件还是家庭条件，他都远远比我优越。但是，他为什么感觉如此不快乐呢？

其实，生活中大多数人都是根据别人的外在条件来预

测他们是否幸福的，所以我们眼中看到的别人的生活，不过是冰山一角。

我不怎么发生活动态，但我发现，如今的 QQ 空间、微信朋友圈、微博等网络平台已经变成了秀场——每到周末、假期，这些网络平台上就会出现一大波"恩爱秀""美食秀""靓装秀"，总之是各种晒幸福，有时候真的会给人一种错觉：大家都过得很幸福。

他们真的有那么幸福吗？

前阵子，一位大学校友晒出了她和她老公的恩爱合影——照片里的她无比幸福、甜蜜。

校友长得还算漂亮，一毕业就结婚了，婚后在家做全职太太，并且很快就生了个宝贝女儿，这让我们很多同学羡煞不已。

可是，前不久我才知晓她婆家因为她生的是女孩而对她不冷不热的，就连她的丈夫也是如此——坐月子期间的她不得不自我照理。这些阴影，我想她是无论如何也不会发到朋友圈的。

现在，我们大多数人对待生活都是报喜不报忧。每天滑动屏幕的时候，我们看到的都是好消息，因此不禁会反问自己：凭什么别人走的都是康庄大道，而只有我举步维艰？凭什么别人的生活永远是阳光明媚、春暖花开，而只有我活得如此糟糕？

我有一位朋友，每次看他的朋友圈动态，会发现他总是在不停地潇洒着——他今天在酒吧里嗨，明天可能就在草原上吃烧烤，后天又会和一位美女在一起喝咖啡。他的生活仿佛每天都不重样，很精彩。真是人生如此，夫复何求！

有一次，我们一起聚会，酒过三巡，他拉我到隔壁房间，抱着我的肩膀，哽咽得差点哭出来。

原来，跟他相恋三年的女友把他甩了，原因是"不合适"。他刚刚在无锡买了新房，准备年底结婚。他的工资也就勉强够养活他自己，如今女朋友跟他分手了，现在每个月要还 3000 多元的房贷，他压力更大了。他刚走上社会不久，还没来得及挥霍青春就沦为了房奴。

他的现状与他发的朋友圈对比一下，是否有些令人咋舌？

我们总是在高估别人的幸福指数，其实，他们没你看到的那么幸福——阳光帅气的年轻小伙，可能每天忍受着爱情的折磨；温柔可人的美丽姑娘，也许在职场上并不如意……每个人都有各自的困扰和不如意。

几年前，我看过一个手影表演节目。演员把各种动物、人物都演绎得惟妙惟肖，演出很成功，观众反响很好。

但是，当演员从幕后走出来的时候，观众大吃一惊，因为他们都是残疾人。

一群残疾人聚在幕后，把手影艺术表演得那么完美，可当他们走到台前，留给观众的除了惊叹，或许还有一种美好被撕碎后的悲凉。

其实，我们展现给别人的，大多是我们喜欢的或者说希望达到的状态。

几天前，一位学弟跟我聊天时对我说："我看了你的朋友圈动态，我很羡慕你。"

面对这样一种略显苍白的夸赞，我不知道怎么接茬儿。我问他："为什么？"他也很坦白地说，他觉得我的生活丰富多彩。

我曾自编自导过三部微电影，参加过大型歌唱比赛，也都拿过奖，并且目前的工作跟专业很对口。他说，他特别希望自己也能活得这么精彩。

我有些惶恐：原来在别人眼中，我也可以这么优秀吗？

那时候拍微电影，因为没有专业编剧和导演，大家都是业余选手，所以我才硬着头皮自己上了，连摄像师都是我临时"绑架"过来的。

至于参加《中国好声音》的比赛，我只想说，我只是过了个预选赛而已。

如今，我在一家日资企业工作，活儿不累，可每天面对那些陌生的专业词汇，我一样会焦头烂额，狼狈和窘迫！

我一个月只能休息两天，别人不会知道。有时候工作忙，我还要义务加班到晚上 10 点。所以，我没觉得我哪里值得羡慕。

有些人把生活过成了"猴子摘桃"，以为自己永远摘不到最大的桃子，因为他们的思维和猴子一样：最大的桃子永远是挂在树上的那个。

纵观生活，我们都是这山望着那山高，总是一厢情愿地认为别人的生活比我们幸福。

我们每天都生活在羡慕与被羡慕之间，主要是因为看到那些网络平台上永远是阳光普照，一派祥和。可是，世界总有阴暗面，我们不可能永远幸福。

是的，你的生活没那么糟糕，别人也没那么幸福，谁不比谁好到哪里去，正所谓："如人饮水，冷暖自知。"

我们现在能做的，就是过好当下的每一天，尽人事，听天命罢了！

8. 要么出众，要么出局

如果你能适应这个时代，有能力迎接时代的挑战，那么，时代也会给你提供你所需要的生活质量以及情怀。

从上大学开始，每年春节回老家，我都会抽时间和关系好的同学聚一聚。

我们不去 KTV，不去大酒店胡吃海喝，只是坐在乡下小街的任意一家小饭馆，要上一壶粗茶、点上一桌淡饭，而且每次都会聊到很晚才散去。

每到聚会那天，大家都会推掉当天所有的活动，早早就来到城中茶楼坐着，一坐就是一天。

这次春节回家，时间太紧迫，从大年初二开始我就没歇着。虽说是春节，但我发现还有很多事要做，每天要看名家典籍，整理读书笔记，还要赶自己的新书初稿——这些事把本就不宽裕的假期挤得十分紧迫。

聚会前一天晚上，我特意熬夜做完了第二天要做的功课。等我关灯睡觉，已经是凌晨3点半了。也不知道从什么时候起，我成为一个每天都有很多事要做的人。

大学时，除了上课学习，我还负责社团活动，好像刚忙完这事，下一件事马上就来了。

毕业后，我开始努力工作，尽可能利用下班时间多学习一些新知识，比如尝试做新媒体平台，看文学名家的作品，啃那些晦涩枯燥的工具书。

坐公交车时，突然想起一个不错的句子，我会立即掏出笔记本记下来；和朋友聊天，他们说的故事也会成为我文章里的素材；就连周末在家看电影，我也会不自觉地研究摄像机的走位以及台词、剧情的发展。

聚会过后，好友君姐和我聊天时告诉我，一年没见，她觉得我整个人的谈吐、气质都有很大提升，还说对我的语言艺术很赞赏。

天啦，在听到她说这些之前，我从没有注意自己的变化。

其实，听到有人这么说，我心里还是美滋滋的，但我明白一个道理：当你无所依靠的时候，你只能靠自己。

工作之余，我从没有放下过学习，像我这种不是科班出身的草根作者，得到写文章的机会，只能苦下功夫。刚开始，为了写好一篇文章，我每天都会腾出时间看书、做笔记。

慢慢地，我终于得到一个可以出版一本书的机会。对我来说，这个机会是激励我继续学习和写作的动力，因为我想让自己变得更好。

聚会那天，来了四男两女。两位女生中一位在政府机关工作，另一位在一家设计公司做创意设计总监。

除我之外的三位男生，舍长在南京工作，准备考研，对未来有规划；强哥在武汉创业，今年刚在上海买了房，打算过两年回上海发展；老蒋今年国庆节在老家迎娶了美娇娘，也算得上人生某一阶段的圆满。

席间，我们聊到其他同学的生活和近况。很多同学毕业后不久便在老家早早地结婚生子，过上了柴米油盐的生活。而像我们这样还在异乡独自默默打拼的，实在不多。

其实，像我们这样的草根，如果不去努力争取，我相信五年、十年后，生活好不到哪里去！靠天靠地，不如靠自己——这句话永远不会过时。

所谓社交，那都是建立在平等、互利的原则上的。那些"苟富贵，勿相忘"一类的话，面对现实未免有些单薄。

我一直都相信，机会是留给有准备的人的。所以，我愿意每天花时间去学习提升自己，为的就是当有一天机会来了，我可以抓住它。

之前在日企工作时，我很害怕——如果一直待在那里，不出两年我所有的斗志和激情都会被打磨得一干二净。所以，我惶恐、我挣扎。

就在我为此事烦恼的时候，一位朋友向我递来了橄榄枝，他介绍我去他亲戚开的一家文化传播公司做策划。

当时，我并不清楚自己是否能胜任这份工作，但还是硬着头皮去参加了面试。

结果很好，老板当场就决定录用我。

接到录用通知的时候，我毫不犹豫地回原单位办理了辞职手续，很坚定，一点都不拖泥带水。

面对这份新工作，我提醒自己要继续努力。

对工作，不同的人会抱不同的态度。有一种女人，工作对她们来说是可有可无的，心想，大不了找个有钱人嫁了，然后在家做全职太太——衣食无忧，何乐而不为？

我有一个发小，人长得还算标致，一米六七的个头，身材、脸蛋都没得说，在我们当地也算是小有名气的美女。

她刚过 20 岁，家里就给她张罗了一门亲事，男方是个小公司老板，对她来说，这未必不是一个好归宿。

就在她结婚前不久，她还春风得意地跟我说要开店当老板呢。我当时还跟她说我要入股，一起赚钱。可没想到，她这么快就"爽约"了。

我们都喜欢把安全感建立在有所依靠的事物上，假如自己的老爸是有钱人，他会想着自己根本就不需要去奋斗，以后家里的一切都是自己的；又如，老公家里有房有车，她不需要为了还房贷而苦心工作，在家睡到自然醒也没什么大不了。

以上两种人大抵都是衣食无忧的人，他们每天大可以睡到日上三竿。但是，大部分人没有这种好条件，他们想要过美好的生活就要靠自己去奋斗——既然你还没有能力去过自己想要的生活，那为什么还不去奋斗呢？

在我看来，生活的本质就是适者生存。

如果你能适应这个时代，有能力迎接时代的挑战，那么，时代也会给你提供你所需要的生活质量以及情怀。

这些生活质量可能是财富、地位、名利、人脉，也可能仅仅是别人对你的羡慕。

那几位每年与我相聚的好友，他们都在用各自的方式证明着自己对于这个时代的价值——读研也好，创业也罢，还是找一个相爱的人结婚生子，都可以说是很好的生活。

其实，这个世界上根本就没有什么最正确的生活方式。每个人的生活现状，都是家庭出身、成长环境、生活经历等因素共同作用的结果。

过去不重要，现在也不要紧，未来仍旧未知。但是，很多人的生活条件明明很好却终日不知所谓。

而像我这样的普通人，只能通过努力去改变自己的命运——那就一步一个脚印，踏踏实实做人做事，多看书、多学习，多掌握一些技能，多积累一些经验，不断完善自己。

所以，如果你也是普通人，就只能靠自己去好好努力。

9. 你不是妒忌他，是你的成长相对慢了

当你终于学会承认这个世界上有比你厉害的高手时，学会不去计较那些可有可无的结果时，学会不再争强好胜地征服妄想时，你会发现自己真的长大了。

快和慢之间，总能找到一种平衡。成长是一辈子的事情，所以，亲爱的，放松点，着什么急呢？

我们周围有这么一种人，他们才刚刚 20 岁出头，就每天被"创业鸡汤"灌得不行。他们不管是对亲人、朋友，还是对刚刚认识的路人，都会展示出一副随时备战的战士形象——像什么"晚上 10 点睡觉是对健康的负责""发呆是对生命的极大浪费"等，都是他们的口头禅。

养生没有错，励志也没有错，但如果刻意为了标榜它们而犯了魔怔，那就大可不必了。我一直觉得，在生活中我们需要一个同行者，因为有一个语言、行为、审美等都

差不多的人，那该是多么幸福的一件事啊！

有那么一种人，他总是给人一种忙得要死的感觉，每次跟他相约出去玩，一路上就听见他的电话、短信、QQ、微信不断——这么忙的人无非两种：一种是大 BOSS，一种是"销售狗"。

好吧，我想说，亲爱的，去寻找那个与你的语言、行为、审美等都差不多的人，并让他成为你的同行者吧。

刚走上工作岗位时，看到同事整天都是一种随时待命的一级戒备状态，我觉得好压抑。比如，每次领导一开会讲话，下面就清一色在低头认真记笔记，开完会又都急匆匆返回工作岗位，总之给人一种很忙的感觉。

久而久之，我也被这种奇怪的氛围传染了，每天自打早晨打完卡，坐在办公桌前开始，就感觉紧张兮兮，忙忙碌碌，尽管有时候压根就没活儿干。

这是因为，我害怕成为这群人里的异类，也害怕因为我的不紧张、不忙碌，而被大家认为是消极怠工。

一日，部门经理悄悄走到我跟前，说："小伙子，别着急，放松点，去那边喝杯咖啡吧。"

这句话我一字不落地刻在了脑子里。自那以后，无论做什么事情，我都不会强逼自己，让自己显得那么急躁、那么紧张。相反，越是放松心情去做事情，结果往往比较好。

这让我想起了谷歌公司的政策。谷歌在创立之初就鼓励员工不要把所有时间都用在工作上，可以把 20% 工作时间去做自由研究。

仅仅是这一点，就让我感到震撼——国内的公司和其他国家的一些公司，一般都会要求你要把上班时间都用到工作上，又怎么会支持你搞自由研究？

谷歌就不同，为什么呢？

因为在谷歌的老板看来，如果一个人一直绷着神经做事，时间一长，工作效率会大打折扣。所以，他们就通过鼓励自由研究的方式来让员工放松，这样既充实了员工的工作内容，又不会导致工作效率降低。

谁不曾想走上人生的巅峰？但是，这世上又有什么是真正属于你的呢？迪拜王子年轻有为、富可敌国、地位尊贵，可百年后又会剩下什么呢？

有人说："岁数越来越大，容貌越来越苍老，却总觉得这一生还从未停下过脚步，也觉得不应该停下。"

有歌这样唱道："没有什么能够阻挡，你对自由的向往……""经历了人生百态世间的冷暖，这笑容温暖纯真……"

我越来越认可这些话。

不管一个人，还是两个人，或者是一群人，我们的脚步总是在向前迈，所以，又何必要那么火急火燎的呢？我开始越来越喜欢那些看起来轻轻松松的人。

有一位搞写作的朋友，他是那种有固定约稿的作家。他有时候约稿很多，可是，我常常看到他坐在某家书店里，悠闲地翻着一些杂书，丝毫没有因为要写稿而焦急。

我不知道他是如何处理催稿的，但最起码我经常看到他很悠闲，而且朋友聚会也一次不缺席。

我问他："你约稿那么多，写得过来吗？"

他说："约稿是一回事，我答应与否又是一回事，要是人家等得了就写，等不了就让人家另请高明。而且，碰到自己不喜欢的约稿我会推掉，何必自己为难自己呢？"

我的身边居然还有这种大隐隐于市的高人啊！

谋生计、追名利，哪个都不容易。是啊，成长是一辈子的事，干吗那么急呢？

当你终于学会承认这个世界上有比你厉害的高手时，学会不去计较那些可有可无的结果时，学会不再争强好胜地征服妄想时，你会发现自己真的长大了。

10. 善于说"不"，你才有资格谈成熟

不要抱怨生活的快乐有限，要知道，延伸快乐最有效的途径，便是将喜欢的事做得再深刻一点。

在地下通道里或者过街天桥上，我们经常会看到有人跪在地上行乞。我是典型的"心太软"，每次遇见乞讨的，都会忍不住给一两元钱——我是穷书生，多了也没有。

大多数人因为被骗过，基本上很少搭理乞讨的，而像我这种人每每会"中招儿"。

为什么说是"中招儿"呢？下面来讲讲我的一段经历。

一次在车站，有一位中年妇女带着一个小孩子乞讨，

见了我非求我给买桶面吃，说是从外地来的，钱包被偷了，孩子饿了。

我正火急火燎地赶火车，哪有时间给她买面去啊？于是我就掏了五元钱，让她自己去买。随即妇女说自己也很饿，能不能给她十元钱。

当时我脑门一热，又掏出五元钱给了她，然后才急急忙忙奔检票口去了。

一周后我出差回来，在车站又碰到了这对母女。这时我才恍然大悟，原来她们才是真正的演员——更可气的是，这对母女见了我，说着跟上回一样的台词，甚至连穿的衣服都是之前的那件。

尽管我心里气愤，可碍于面子又不想浪费口舌，还是掏出了五元钱。结果，这位中年妇女还嫌少，并且理直气壮地指责我："你这个小伙子，怎么一点同情心都没有？看你穿得挺体面的，怎么一点爱心都没有？也不知道可怜可怜我们这些弱势群体。"

当时，我被说得满脸通红，脑子一片空白。她好像说得有些道理，我竟然无力反驳。

这时候，从后面走过来一位姑娘，她直接对那中年妇女说："我上个月就看见你在这儿，就算你的钱包真被偷了，也不至于在这儿逗留一个月吧？你要是钱包被偷了，现在我就领你去派出所报案，让警察帮你，你在这儿跟人要钱算怎么回事？"

我站在一旁，就那么直勾勾地看着这姑娘与那中年妇女唇枪舌剑并取得胜利。路人也在鼓掌叫好，那中年妇女领着孩子灰溜溜地走了。

我不禁对那姑娘好生仰慕：妹子怎么这么厉害？大学学的是法律专业吧？

后来听说，车站附近经常有人在乞讨，有些厉害的人一天能"收入"上千元。从那以后，我彻彻底底地反思了自己的行为：我之所以会惹来麻烦，是因为从一开始就没有拒绝——这也算是一个教训。

有人可能会说，这样一棍子打死一船人不对吧，要是真碰到需要帮助的人，是不是也不给钱了呢？

当然不是。如果真的遇到弱势群体，该帮助时还是要帮助。至于那些有手有脚，活蹦乱跳，还会跟你吵架的"演员群体"，当然要毫不犹豫地拒绝掉，否则，就会助长这一社会不良风气。

卖唱的流浪歌手会给人落魄的感觉，但却不会令人感到不舒服。因为他们用自己的歌喉，自己的才华，获得了路人对他们的尊重。

我一直认为，这些流浪歌手很可爱，并值得被人尊重。

一次，在成都的巷子里，我看见一群捡垃圾的小孩子围着一位卖唱歌手在听歌。他们听完歌后，从口袋里掏出一把一角或两角的纸币，而且每个人都抽出一张放在歌手摆在面前的吉他包里。

那些小孩子满脸鼻涕，手上身上全是土，但那一刻我忽然想到"圣洁"这个词，那种感觉真叫人难忘。

我走了过去，往卖唱歌手的吉他包里放了十元钱，还恭维说："唱得真好，比原唱还好听。"

有人会问：流浪歌手不也有手有脚，怎么你会给他钱呢？

是，流浪歌手有手有脚，但因为人家唱歌给我听，付出了劳动，我理应给出相应的回报，况且人家又没有伸手强行跟我要。这与乞讨者无端索要和骗取同情心的行为，怎么能画上等号呢？

我觉得，懂得了拒绝就意味着你成长了，拒绝那些不必要的麻烦，才有更多的精力去完成自己的事。

有一位前同事，与我私交不错，有时候周末也会约着一起去爬山、打球什么的。可是，后来好几次他都爽约了，于是我问他："你平时忙也就算了，怎么周末还那么忙啊？"

他说："其实我也不是全忙自己的事，有些事碍于朋友的面子，不好意思拒绝。"

我很好奇地问："你朋友让你帮什么忙啊？"

他说："朋友从网上买了辆山地车，今天到货，下单时是货到付款，他约了女朋友去野外吃烧烤，所以让我在他家里等快递。"

哎哟，我掐死他的心都有了！

这算哪门子帮忙啊？朋友跑去约会了，让你留在家里等快递，这事大概也就你能忍。

帮忙本来是好事，可是，如果别人把找你帮忙当作是理所应当的事时，那就是祸事啦——我那可怜的同事朋友，每天"祸事"不断，把日子活活弄成了车祸现场。

想起在公司的时候，大家有个屁大的事也会招呼他去，像什么取快递啊、换桶装水啊、领生活用品之类的。而我是能帮则帮，绝不勉强自己。

有时候人家就连加班都找他替，中午休息时，他也替别人值班；别人早退时，他代人刷卡；大家出去聚餐，他一个人默默留下来做方案。

我无数次地劝他：别太勉强自己，要学会拒绝——别人找你做的有些事根本就不是帮忙，说得难听点，就是欺负人。

别人把不乐意做的事都推给他，时间长了，这就成了他的生活负担。而他虽然不至于把自己搞得焦头烂额，却仍旧在无聊的妥协中消耗着自己有限的时间。

后来，别人都升职加薪了，可他跟刚进公司时没什么区别，最多混了个脸熟。

事实告诉我们，毫无原则地帮助人，于人于己都没有好处。

我有一位大学老师，他每天就喜欢坐在办公室里喝茶、看报，然后总指挥别人干活。

刚开始，其他老师碍于面子都会做，可时间长了，大家都不乐意了。再后来，大家都搬到新办公室里去了，对他避而远之。

有时候真是搞不懂，有些人明明自己可以很快地做好一件事，但偏偏喜欢找别人做，还美其名曰"帮忙"。

所谓帮忙，是帮你做你不能做的事，而不是帮你做你不想做的事。

生活就是这样有些无奈，所以我们要学会拒绝。

因为懂得拒绝，意味着你开始对事物有了自己的思考，也就是所谓的是非观。换句话说，会拒绝就是你成长了的一种表现。

生活是五味杂陈的综合体，你想要过得舒心一些，就得做出一些拒绝。

不要抱怨生活的快乐有限，要知道，延伸快乐最有效的途径，便是将喜欢的事做得再深刻一点。而那些让自己觉得为难的事，一定要拒绝得彻底一点。

第三辑

只有你才能成全更好的自己

好多事就像雨天打着的伞，你冲进房间就狼狈仓促地把它收起来扔在了一角，那褶皱里仍夹着这夜的雨水。过了很久再撑开，一股发潮的气息扑鼻而来，即使是个晴天，也会令你想起那场遥远的雨。

——七堇年

1. 旅行并非医治心病和情伤的良药

世界上有数不清的悲欢离合，人们有流不完的眼泪，更有道不尽的沧桑。但悲痛之后，人们依旧要生活，从哪儿来还得回哪儿去。

一个凄美的故事，仿佛也需要一座同样凄美的城市做背景才能发生。这样的城市，可能丽江最合适不过了。

丽江承载了太多浪子、诗人的悲欢离愁，而我也只是其中的一个过客。

这一年的某天傍晚，我和阿龙在丽江古城里转。我们在老房子酒吧坐了下来，点了一扎风花雪月啤酒，边喝边看河对岸热闹的人群。

没多久，酒吧就坐满了人，有颓废的浪子、吵闹的青年，当然还有文艺气息十足的旅行作家。

"萝卜"就是那天我们在酒吧里拼桌时认识的。

在已经满座的小酒吧里,"萝卜"提着一瓶啤酒,到处找位置,走着走着就在我们这桌前停下了。她跟阿龙说,想拼个桌。

阿龙见是一位美女,毫不犹豫地邀请她坐下了。

刚开始,她只是喝酒,不说话。

我见她不停地喝着,就猜想她或许是一个来丽江买醉疗伤的主儿,便陪着她一起喝。也不知道台上的歌手唱了几首歌,我们三个人就那么干喝了好几扎啤酒。

我渐渐有些醉了,于是模模糊糊地看到有人在大声欢笑,有人在大声唱歌,有人在哭泣!

我端着酒杯,对"萝卜"说:"姑娘,你来一趟丽江就为了喝几瓶啤酒?""萝卜"白了我一眼:"老娘饿了,走,陪我吃烧烤去!"

我们三个人出了嘈杂的酒吧,穿过一条小巷,来到一处路边摊。我点了两份韭菜、一份鲳鱼。"萝卜"点了三份腰子。

"你吃腰子不嫌补得慌啊?小心长胡子!"阿龙对"萝卜"说。

"萝卜"几乎咆哮道:"老娘我愿意,开心,怎么着?"

也不知她是喝多了，还是在借着酒气发泄，我看到她眼里露出一种难以言表的苦楚。

我们熟悉了之后，"萝卜"才说起了她的故事。

她三年前离的婚。在去丽江之前，她已经独自一人在全国各地游荡了大半年。

她是个倔强的女人，尽管家人当时极力反对，她还是跟她前夫在大学一毕业就领了证。就在她满心欢喜地认为自己要过上幸福的小日子时，他们的家庭矛盾开始升级，起初只是争吵，后来有几次甚至还动了手。

再后来，"萝卜"怀孕了。她天真地认为，一切都会过去，可前夫跟她的争吵并没有因此而减少，反而变本加厉了。

那晚，她说着说着就哽咽了。她说，她曾不止一次想逃离家庭，不过为了能让孩子健康成长，她挣扎着、隐忍着！

可是，这段不幸的婚姻还是走到了尽头。当初她不惜与家人反目，拼命争取来的爱情竟会以这样的结局收场。

这段婚姻给她带来不可愈合的创伤，她走不出这个阴影，经常夜里失眠，在噩梦中惊醒。这样的日子整整过了两年，她不知道什么时候是尽头。于是，她选择了旅行，期望能用旅行来安抚自己的心伤。

就这样，"萝卜"走遍了大半个中国。

也许丽江也没有治疗好她的伤，在丽江停留了半个月后，她走了。至于她下一个落脚的地方在哪里，我不知道，或许连她自己也不知道。

世界上有数不清的悲欢离合，人们有流不完的眼泪，更有道不尽的沧桑。但悲痛之后，依旧要生活，从哪儿来还得回哪儿去。

有些伤痛，不必遗忘，但可以试着放下。如果非要以仇恨、痛苦为代价来记住一个人或者一段感情，真的值得吗？

那个曾在丽江咆哮的"萝卜"，此刻她是否已经放下过去，开始重新生活了呢？

但愿如此吧。

2. 有疼痛感的人生才珍贵

我愿做颗同步卫星，永远绕着你前进。可你有你自己的同行者，而我只是与你平行。

小美来自青岛，是个文静、不急不躁的姑娘，她在无锡上的学，毕业后就留在了无锡工作。

公司聚会总免不了要喝酒，小美不喝酒，我们也从不劝她喝酒，因为当其他人都喝醉了后，她要负责打车送我们回去。小美把这份工作做得算是满分了。

有一年冬天，大家一起吃火锅，酒过三巡，大家都有点喝高了。小美叫来三辆车，挨个儿把我们送回了家。

我刚到家爬上床，小美打来电话："晔子，我摊上大事啦！快点来我家啊！"

她在电话里没说清是怎么回事就挂了，我又担心又好奇，赶紧穿好衣服跑下楼去找她。到她那里后，令我意外的是，她说："余滨被我带回家了。"

余滨比我高两届，是我同校的学长，他已经订婚了，未婚妻是他的大学同学，叫杨菲。

我故意压低声音："他快结婚了，你把他带回来，这事怎么处理？好做不好说啊！"

小美说："送走你们后，就剩我和他两个人。他在车上哭哭啼啼不肯回家。"

小美告诉我，余滨原本打算 10 月结婚的，可杨菲的父母突然变卦，逼着他在市里买房，否则就退婚。在关键时刻，杨菲也选择了沉默。

我喝了口水，问小美："那余滨现在该怎么办？"小美把我拉到门外，说："今晚先让他在我这儿睡，等他明天醒了再说。"

夜晚里有些寒风，我不禁打了几个寒战。小美拉着我走进一家龙虾店，点了两斤龙虾。我问小美："怎么？你让余滨睡你的床啊？"

小美沉思片刻，说："客厅太冷，不能让他睡沙发，怕他着凉，只有我房间有空调，就让他睡了。我待在家里怕别人误会，所以就打电话找你来吃龙虾。"

我开玩笑地说："你该不会是喜欢上余滨了吧？"

小美低下头去，从包里抽出几张面纸，跑进了洗手间。她的动作已经告诉我答案了——天上的星星千千万，我却偏爱北斗那一颗。

纸包不住火，没过多久，余滨的事就传开了，大家都知道他有个"可恨的丈母娘"。

余滨喝酒的次数越来越多，他每次都会喝醉，一喝醉就会打电话给小美，然后去小美家。有时候我也会陪着他去，我发现小美家的药箱里全都是解酒药。

小美家成为余滨醉酒之后的临时宾馆。后来，小美在网上买了一个折叠床，以备余滨醉后之用。有一天，我对小美说："这样下去也不是长久之计啊！"

小美点点头，犹豫了一下说："放心吧，我不是小三儿。我只是想，他现在不如意，又没有谁能帮他——我只是想帮帮他。"

我没有再说什么。

过了没多久，余滨所在的公司打算拍卖一批收藏品，我们也去捧场了。大家在现场待了没一会儿，便觉索然无味，于是纷纷溜走。

小美一直坐在余滨旁边，还不时向余滨请教有关掐丝珐琅彩瓷器的知识。而余滨只要一讲到古董就会两眼放光，根本停不下来。

两个星期后，余滨找到我们，说："杨菲家退亲了，退亲时定在我家吃饭。走，一起去，人多有气场。"

那顿饭最终没有在余滨家吃，而是在新区的希尔顿酒店。吃饭时的气氛十分压抑，包厢里闷得人快要炸了，我中途跑了三趟洗手间。小美坐着始终没有离席，一直坚持到饭局结束。

快结束时，余滨端起酒杯站起来，拿出一张银行卡，对杨菲说："这卡里有20万块钱，是我卖了家传瓷器换来的，虽然不多，但我想以后我们会越来越好的，如果我们……"

还没等余滨说完，杨菲妈立马接话说："余滨，你和我们家菲菲的缘分到这儿就结束了，别再想那么多了。"

杨菲刚想站起来，被她妈一把拽住了。

杨菲妈接过杨菲的酒杯，把酒倒在地上，说："别说那些没用的，从今以后，我家菲菲与你一点关系都没有了，只希望你不要再去打扰她的生活。这是你们家订婚的礼金和首饰，你数数。"

余滨端着酒杯，眼里满是绝望，一时间空气像是凝住了。这时，小美抢过余滨手里的酒杯，一口喝了。随后，杨菲被她妈拉出了酒店包厢。就这样，余滨和杨菲的婚约解除了。

我安慰余滨道："杨菲有这么个势利的妈妈，你俩没成，应该感到庆幸。"

他点上一支烟，说："我们从上大学一直谈到毕业，虽然到现在没有结果，但这几年我不能当什么都没发生过。"

我拍拍他的肩膀，说："兄弟，好好的。"

余滨退了原来租住的房子，小美帮他在附近租了一处单间公寓。余滨从不做饭，每天都去小美那里蹭饭。

余滨过生日那天，我们去饭店为他庆生，碰巧杨菲也带着新交的男友去那里，迎头撞上了。

余滨见躲不过去了，便磕磕巴巴地说："这……这么巧！"

杨菲的男友说："我在菲菲手机上见过你的照片，你是她前任吧？择日不如撞日，咱俩今天喝几杯，认识一下。"

一瞬间，火药味特浓，战斗一触即发。旁桌的客人也都一脸兴奋，等着看好戏上演。

菜还没上，那男子就来了个"事事（四四）如意"——

来者不善，余滨咣咣咣地四瓶啤酒下肚了。

本来就是饿着肚子来吃饭的，谁想到半路杀出个程咬金。四瓶酒下肚后，余滨满脸通红。

那男子说："听菲菲说，你挺能喝的呀！怎么，今天状态不好吗？"

大家看这主儿明显是来找碴儿的，便想找个借口到别家饭店去吃，咱惹不起还躲不起吗？

小美走过来坐下，很有礼貌地对那男子说："今天是余滨生日，大家都想高兴一下，却不曾想你要玩这个，既然这样，干脆就别喝啤酒了，整两瓶白酒，我跟你喝。"

那男子听说小美要跟他喝酒，好像很激动："好啊，那不许找别人代喝！"

整个饭店都炸开了。

我还没来得及阻拦，小美已经抱着一瓶白酒咕嘟咕嘟喝起来。那男子平日里经常泡吧，喝啤酒还行，但换了白酒没一会儿也就蔫了——一瓶白酒没喝掉一半，他已经趴在桌下吐了。

观战的人围了满满一圈，饭店老板也踮起脚在看。

那男子不行了，钻出人群灰溜溜地逃走了。饭店里传来阵阵叫好声，有人扯着脖子狂喊："老妹儿，好样的！"

人群散去，小美突然胃绞痛，我抱着她去了医院，所幸无事。

出了医院，我叫了出租车送小美回家。坐在副驾驶座上，我从后视镜里看到小美呆呆地把头贴着车窗，脸还红着。我叹了口气，陷入深思中。

下车后，我扶着小美往她的住处走。她突然问我："晔子，你有过为一个人奋不顾身拼命的经历吗？"

我一时不知道该怎么回答。小美抬头看了看星空，说："我以前没有，可今天我有了——今天哪怕是喝死了，我也心甘情愿。"

不大一会儿，余滨送完其他人后也很快赶回来了。看到小美这个样子，他说了一句："傻丫头，你怎么能那样喝呢？"

小美没说话，进屋后躺在床上就睡着了。那晚的夜色格外浓，星星也特别亮。

第二年秋天，小美和我通电话，说她在无锡也没什么大的发展，索性回老家去了。我说："回老家工作挺好，离父母近，家里也放心。"

我们最后一次聚餐，当是为小美送行。大家都喝得七倒八歪，小美却一滴酒也没沾。

喝完酒，我们一行人走在大马路上。那晚的月色不错，人的影子在地上被拉得好长。余滨和小美的影子靠在一起了，这大概是他们靠得最近的一次。

小美回老家了。余滨也离开无锡，去了上海。

半年后，我与小美再次相见是在余滨的婚礼上。婚礼现场很热闹，来的客人也很多。我和小美都坐在好友席。

小美找我喝酒，一杯接一杯，不知喝了多少，后来还举着酒杯对我说："天上的星星千千万，我偏爱北斗那一颗；世上的男人千千万，我偏爱他这一人。我愿意做颗同步卫星，永远绕着他转。"她停顿了一下，又说，"可是，他有他的同行者，我没有做他同步卫星的资格，只能与他平行……"

同行和平行仅一字之别，却差之千里：同行是步伐一致，生死与共；而平行是只能远远望着，永远也够不到。

"我只是与你平行。"这句话中的每个字都像一根刺深深扎进了胸口，疼得人快要窒息。

小美说："刚回青岛的时候，我整晚整晚地睡不着觉，明明很喜欢、明明舍不得，为什么不再勇敢一点？自己就说：小美，你真傻，傻姑娘一个。"

是啊，多傻的姑娘、多好的姑娘！

第三年春节前，我去青岛办事，顺道去小美家做客。

我坐在小美家的客厅里看电视，不经意间看到电视柜旁边放着一个花瓶，怎么看都像我们老家地摊上十元钱一个的大茶壶。

我问小美："你怎么也有这种花瓶？"

小美说："就是上次拍卖会上的那个，我爸买下来了。"

"我的个乖乖，你真是个小富婆啊！"

小美笑笑说："都是过去的事了。"

当天晚上，小美说要请我在外面吃海鲜，我因为要赶高铁，所以就匆忙走了。那晚的夜色很浓，北斗星闪闪发光，看起来像是一只萤火虫。

可以说，小美是余滨的摆渡人，在那一片白茫茫望不到边的大河之上，她乘着小船来到余滨身边，牵起他的手，渡他到了对岸。

也许每个人的生命中都会出现这样一个人，当你望不到河对岸的时候，他（她）便会出现在你身边，把你带到对岸。当你脱离险境，他（她）就会离开。

小美还爱着余滨，我相信那是真爱。

3. 心向远方的人都曾颠沛流离过

没有惶惶不安，没有喋喋不休，没有劳心费神，因为我知道，未来的路，只要有你在就好。

"我爱你"是一句复杂的话，有些人喜欢藏在心里，有些人喜欢挂在嘴上。有人喜欢至死方休的轰轰烈烈，有人宁愿伤痕累累也要留下爱情的烙印，有人想要细水长流、现世安稳的爱情。

姗姗在微信上告诉我，她昨晚梦到前男友了。

"天啊，我这才刚结婚还在蜜月里，居然梦到前男友了，怎么办？这算不算精神出轨啊？我觉得好对不起我老公啊！晔子，你说我现在该怎么办啊？"她噼里啪啦地发来一段话。

"你当我是上帝啊，什么事都问我。你别想多了，既然选择了结婚，就要放下过去，经营好当下的生活，这才是你的大事，明白吗？"

我像电影《大话西游》里的唐僧一样唠叨了好一通。

姗姗是我的一位女性好友。关于她的爱情史，我算是少数几个知情者之一。她之前有过一段谈了三年的恋爱，分分合合，爱得死去活来。

那时，他们总是把爱挂在嘴边，不管什么时间、地点都腻在一起，恨不得连上厕所也一起去，好像分开一秒钟都会窒息一样。可是，到最后他们还是劳燕分飞了。

有些爱情不是因为对方或双方不爱了，而是因为太过用力，然后太累了。

有一位朋友小唐，从小就喜欢吃山楂，每次到水果店，总忍不住要买一点。但他每次都买的不多，只买五元钱的，因此他每次吃完还想吃，一副意犹未尽的样子。后来他恋爱了，谈了个不错的女朋友。女朋友待人热情，各方面都不错。

我们都羡慕他踩到狗屎运了，可小唐却在我们面前哀怨连连。

原来，女朋友知道他喜欢吃山楂，就整箱整箱买给他，导致他早上吃，中午吃，晚上还吃——把山楂当饭吃，吃得舌头都发麻了。

后来，女朋友再买来山楂，他干脆都偷偷扔掉，再也没吃过。

前不久，听说他们分手了。小唐对这段感情的总结就是：一箱山楂葬送了一段爱情。

也许有人会替女孩子打抱不平，人家因为爱你才给你买山楂的，不就是一点山楂的事吗，至于闹分手吗？

我告诉你：至于，太至于了。

正是因为女孩子过度热情，把心都给了小唐，可她成箱买山楂这一举动，断送了小唐从小养成的习惯——刚刚好就好。这么说可能有些牵强，可再坚定的爱情也经不住这么猛烈的进攻。总之，她再爱你，也不能倾其所有吧！

爱情也好，婚姻也罢，最终都会归于平淡，走进相对无言的状态，双方只需要一个眼神就会明白彼此的心思。我们大多数人都不会或者说不愿明白，为什么当初口口声声说要一起天荒地老的人，最后却弃我们而去。

此刻，我能做的，就是不喜不悲，心如止水地面对生活，在那些寂静的深夜，替心爱的人盖好被她踢在一旁的被子。这也是一种爱的方式。

反观那些叫嚣着海枯石烂的爱情狂热分子，最后都分道扬镳了。

我有一哥们儿是北方汉子，人长得五大三粗，却偏偏有一颗细腻的心。每次出去吃饭，他总挑门口的位置坐，一开始大家都不明白，后来才知道坐在门口方便接菜和买单。

平时，我们的联系并不多。刚毕业的时候，我囊中羞涩，连房租都没着落，他从朋友那里听说后，悄悄给我打了一笔钱，还说要算我利息。因为他知道我死要面子，就找了这样一个借口。

当有人说他傻的时候，他会回道："我不敢保证我每时每刻都在朋友身边，但他们需要我的时候，我肯定不会缺席。"

他对朋友尚且如此，对爱情更是无可挑剔，反正我是甘拜下风了。

其实，他并不是能说会道的主儿，但却用点点滴滴的好俘虏了女朋友的心。

刚毕业那会儿，他的女友经常顾不上吃早饭，于是，每天早晨他就亲自做一份爱心早餐送到女友的公司，整整送了三个多月。后来，在第一百天的时候，他求婚成功了。

求婚那天，没有人围观、祝福，只有他们这一对恋人，只有一句："让我娶你好不好？"

总有一天，你会发现，最美好的日子，不过是吃完晚饭有人陪你去散步——抛开所有的烦恼，趿着拖鞋，蓬着头发，就算不说话也可以一起走上一段路，即使看两只野猫打架，也会觉得很有趣。

姗姗婚后的生活很幸福，也能正视之前那段感情了。在之前很长一段时间里，她都搞不懂自己到底想要什么样的爱情，不过现在她知道了。她偶尔还会想起过去的种种，但随之而来的是一个释然的微笑。

蜜月结束不久后，姗姗又在微信上给我发来一段话："在我已经为人妇两个月后，我终于开始释然，并为此流泪了。

"过去我一度认为，爱情原本就该是一个惊天动地的过程，就算遍体鳞伤，也至少要证明自己爱过。我也曾一度认为，只有这样的爱情才算是合格的。

"现在回头看，才猛地发现，原来爱情远不止那些。此时此刻，我对着电脑听着音乐、刷着淘宝，偶尔侧过头，看到房间里的他正在为我削水果，我就会时而微笑、时而流泪。这种爱平淡、平静，但厚重、可贵，我为自己能拥有这样一份恬淡的爱而感到庆幸。"

林夕写的《红豆》里有这么几句歌词："有时候，有时候 / 我会相信一切有尽头 / 相聚离开都有时候 / 没有什么会永垂不朽 / 可是我，有时候 / 宁愿选择留恋不放手 / 等到风景都看透 / 也许你会陪我看细水长流。"

好一个"陪我看细水长流"。

这种爱情状态让人觉得自然、舒服、轻松、恬淡——没有惶惶不安，没有喋喋不休，没有劳心费神。因为我知道，未来的路，只要有你在就好。

每个人的爱情之路都不一样，但那些幸福的人都有一个共性，就是他们深知：爱情的真谛是平淡和随心。

我一直都信奉着一种相处方式，就是两个人在一起，我知道你在，你知道我在，但可以彼此专注自己的事，互相理解和包容。

细水长流的爱情大抵就是这样。

4. 活出自己喜欢的模样

爱情是微妙的，也是脆弱的，我们不能用程式化的思维去理解它。

马凯和小雨相爱了。

小雨有一对很深的酒窝，笑起来很好看。马凯是个木讷少语的人，但唱歌很好听。他骨感的脸庞上被岁月刻下了一道道沧桑，略带忧伤的眼神足以俘虏一众少女的芳心。

成熟是生活经历给予人的烙印，马凯的"生活烙印"是他父亲。那天，马凯父亲所在的工地正在赶工程，塔吊上的半根钢筋被大风吹了下来，笔直地插进了他的身体。

马凯父亲在送往医院救治的途中就去世了。

从那以后，马凯的脸上再没有出现过笑容。他的整个青春期都是在抑郁、阴暗中度过的。若不是在大学里遇到小雨，他早就被糟糕的生活击垮了。

马凯少年老成，他独来独往惯了，去食堂吃饭也是一个人。而小雨因为吃饭慢，和朋友一起吃饭的时候总是最后一个离开食堂。时间一长，小雨也不好意思让朋友等自己，她就不再和朋友一起吃饭了。

于是，孑身一人的马凯和形影单只的小雨就这样在食堂里相识了。

马凯和小雨两个孤单的人，为了不让别人投来"同情"的目光，常常在一起拼桌吃饭。那天，马凯坐在小雨斜对面吃饭，小雨边看书边吃饭，大概是看到了精彩处，把含在嘴里刚要笑喷掉的饭硬是给咽下去了。

这一幕被旁边的马凯看得一清二楚，他被耿直的小雨逗乐了。那天，两个人鬼使神差地互留了联系方式，开始了长达数月的微信聊天。

毋庸置疑，马凯是喜欢小雨的，但他就是说不出口。

当他们更深入地聊起往事时才发现，早在很久之前他们就有过多次偶遇——他们不止一次同时出现在图书馆四楼的东南角；多次一起在食堂排队买早饭；有数不清的夜晚在同一条跑道上跑步；甚至做过同一个学生的家教老师。

生活就是这么奇妙。

　　小雨出现的日子，马凯不再那么阴郁了，脸上不时会露出笑容。而小雨也因为碰到马凯变得矜持了许多——她开始嚷嚷着要减肥，每天出门前也要打扮一下自己。

　　是的，小雨也喜欢马凯。

　　小雨最喜欢听马凯给她唱《再回首》，怎么听都不腻。马凯也会乐此不疲地为小雨唱这首"专属情歌"。

　　毕业后，马凯在上海找了一份销售工作，每天大街小巷地跑业务。小雨则回到了无锡，但没有急着找工作。他们忙着各自的事，不急不躁。

　　在小雨的心里，马凯就是她认定的那个人，这辈子非嫁不可。他们和其他异地恋情侣一样，每天只能通过手机关心彼此的生活，分享着每一件心事，每一次感动。

　　时间久了，小雨的父母就知道了女儿谈恋爱的事。当他们得知马凯是单亲子女，不由得眉头紧锁。按理说，单亲子女并不是什么大问题，但如果小雨不是他们女儿的话，他们也会很包容地接纳这个男生。可是，爱有时就是那么自私。

　　小雨在爸妈面前遇到了前所未有的阻力。很简单，父母不同意她的这场恋爱。

马凯每天都会早早忙完工作，然后晚上和小雨聊天。

这天，小雨的信息迟迟没有回过来。马凯打电话过去，对方的手机是关机状态。

那晚，马凯失眠了。

第二天，小雨妈妈用小雨的手机打来电话。马凯因为一时紧张，说话哆哆嗦嗦，连个长句都说不出来。

小雨妈妈说："小马啊，我是小雨的妈妈。阿姨也不跟你绕弯子了，小雨是我们唯一的女儿，我们不希望她以后受苦——我们虽然不指望她嫁入豪门，但希望她能嫁到一个完整的家庭里。阿姨这么说，你别介意啊。你还年轻，阿姨祝你早日找到一个好对象……"

马凯一直愣在那里，只觉得一阵心绞痛。

第二天夜里，马凯的手机响了，是小雨借邻居的电话打来的。她捏着嗓子小声说："马凯，我的手机被我妈拿去了，今天的工作怎么样？累不累啊？"

马凯犹豫了一会儿，问："小雨，如果有一天我们不能再分享心情，不能再互道晚安，你会怎么样？"

小雨提高了嗓门说："除非我死了！对了，马凯，你胡说什么呢？你今天是不是不开心啊？别胡思乱想！"

看来，小雨还蒙在鼓里。

后来，小雨妈妈把手机还给她，可当小雨满怀欣喜地打电话给马凯时，却只听到一连串的忙音，就连发出去的信息也如石沉大海般杳无音信——马凯突然从小雨的世界里消失了。

那几天，小雨一直精神恍惚，每每想起和马凯在一起的点点滴滴，就泣不成声。她的父母不忍心看女儿这副模样，只好将真相告诉了女儿。

小雨知道真相后，跟父母大吵大闹，可无论她说什么，父母都坚决不肯同意她跟马凯的婚事，甚至还给她介绍了几个相亲对象。

那段时间，小雨总把自己关在房间里，任父母如何好言相劝，她就是不肯出门。

马凯决定离开小雨后，辞掉已经干出了一点业绩的工作，他回到老家找了一份薪水不高的工作——没有人知道他的心里正经历着怎样的折磨。

当时，我正在无锡上班。有一天我下班后，看见马凯站在我们公司门口，手里拎着一打啤酒和几包花生米。远远瞧见他时，我还以为是送外卖的小哥，因为他这次来无锡，我事先不知道。

我说："马凯，你来无锡就请我干喝啊？"

马凯说："别说那么多，要不要喝？"

我们就跟俩傻瓜一样，坐在马路牙子上开始喝起来，一瓶接着一瓶。

马凯比我喝得多，他伸着大舌头，说："晔子，你……你说，我长得像我爸还是像我妈？"他说着说着，就哭了起来。

我第一次看到他哭得那么恐怖——不像哭，像是在笑，但眼泪在止不住地往外冒。

我拉起他，好不容易把他带进了我租住的屋里。他嘴里嘟囔着小雨的名字，叫了 N 多遍。他酒醒之后，我才知道他和小雨分手的事，所以我不知道那些日子他是如何熬过来的。

半年后，他得知了小雨订婚的消息。据说，男方家条件还不错，最主要是双亲都在。

马凯淡然地扬起脸，望着有些灰暗的天空——他又陷进了无尽的悲伤中。

有一天，看到路边有人在卖唱，马凯买了一束花送了上去，并且小声对那歌手说了句什么。那歌手就唱起了《再回首》："再回首，背影已远走；再回首，泪眼蒙眬……"

那之后，马凯的生活好像回归正常了。后来，他新认识了一位姑娘，他们就在一起了。他很爱那姑娘，她也爱他，还有，就是她家里人不介意他是单亲子女。

爱情是微妙的，也是脆弱的，我们不能用程式化的思维去理解它。爱情是纯粹的，不允许夹着任何杂质，如果你足够喜欢一个人，那就好好去呵护他（她）。

如果爱，就搏一搏；如果爱，就别留下遗憾。

5. 自己选择的路，跪着也要走完

用一秒钟转身离开，用一辈子去忘记。

他带上对死去的爱情的悼念，一个人去了海拉尔，打算去那里完成两个人的梦想。可是无论走到哪里，他都摆脱不了她的影子。

做菜需要悟性，爱情也一样。

爱情有时就像煲汤，慢火清炖，味道会随时间的延长而愈发浓烈。只是，有些人拿捏得很好，而有些人却做得乱七八糟。

有个姑娘特喜欢做菜，不过她做的是"黑暗料理"，在我们朋友圈里堪称一绝。

我们去她家吃饭，她做的清炖排骨汤——排骨汤炖糊了不说，还特别咸。我有幸尝过她的拿手菜——干煮米饭，白花花的大米饭硬是被她煮成了黑糊锅巴。

俗话说，情人眼里出西施。阿龙就特别喜欢这位"锅巴姑娘"，每次去她家吃饭，他总是冲在最前面，每个菜品都能扫荡精光，不管是没炒熟的猪肝，还是炒糊了的四季豆。吃的时候，他还喜欢吧唧嘴，非要表现得很好吃、很享受。

后来，他们恋爱了。

我问阿龙："你真的打算吃一辈子她做的黑色菜系？"

阿龙点点头说："只要是她做的，我都能吃光。爱她，就要接受她的所有。"

那年圣诞节，阿龙发来短信："晔子，我和她分手了。"

　　我不放心阿龙，给他回了电话。我原本想说几句安慰的话，可话到嘴边又咽下了。电话那头的阿龙也不说话，我只好说去他家找他就挂掉了电话。

　　阿龙坐在沙发上，家里只剩他一个人，新买的房子显得有些空荡。窗户开着，一阵风吹进来，房间里的塑料袋四处乱飞，桌上还留着一点不知放了几天的饭锅巴。

　　我皱着眉头说："阿龙，还没吃饭吧？走，咱们出去喝两杯。"

　　阿龙摇了摇头，倒了杯水给我，然后去厨房做饭。我站在厨房门口，东一句西一句地跟他瞎扯……那天，我成了话唠，为的只是让他转移情绪，不在心里老想着分手的事。

　　他把锅巴放在锅里，倒上油开始炒——这哪是炒饭，分明就是在炸锅巴！

　　他拿起一块锅巴嚼了一口，但又吐掉了，说："真难吃，怎么跟以前吃过的味道不一样？"哪里是味道不一样，分明就是伊人不再，心死如灰，连当初的味道都没能留下。

　　阿龙又吃了一口，马上恶心得趴在垃圾桶上呕吐，但吐不出来。他用手擦了擦眼睛——他哭了，我还是第一次看到他流泪。

我递了纸巾给他，他没接，说："我没哭，刚才被锅巴呛到了，现在没事了。"

我说："咱们还是出去吃吧！要两个炒菜，喝两杯。"

他说："不了，这锅巴是她留下的，有好几天了，再不吃就该坏了。"

我劝他可以出去走走，别老是窝在家里，那样会更难过。阿龙点点头，当晚就收拾行李去了海拉尔。他这一走去了好久，后来我看到他发在微博上的照片，就想打电话给他，但拨通后又挂了。

阿龙是带着枷锁去的，早已经筋疲力尽，我干吗非要去打扰他？不如让他独自一人好好放松上一阵子。

昨天下午，阿龙突然来到我公司找我，我很意外："这段时间你去哪儿啦？"

"刚从海拉尔回来，一回来就直奔你这儿来了。"阿龙的状态明显好了很多，应该是从失恋的阴影里走出来了。

晚上，我跟他在楼下的小饭馆里吃饭。两个人喝了一瓶白酒后，他又想叫一瓶，我说："再喝就醉了。"他说："醉了才好，醉了就可以看见她了。"

那晚我们没有再喝酒，却坐在饭馆里聊了很多。

阿龙之所以去海拉尔，是因为"锅巴姑娘"曾经说过她喜欢呼伦贝尔，她最大的心愿就是亲自去呼伦贝尔大草原吃烤羊肉。他说，他想去尝一尝烤羊肉——这样或许能感受到她的温度。

此时，可能两个人喝的那瓶酒上了后劲，我有些面红耳赤，阿龙也泪眼婆娑——听故事的我也跟着流泪了。

阿龙说："朋友都劝我要往开了想，别颓废下去。可是，谁能明白我心里到底在想什么？谁又知道我究竟在缅怀什么？"他当时絮絮叨叨讲了很多话。

看着门外夜色越来越黑，行人越来越少，最后他说："我看到过这样一句话：用一秒钟转身离开，用一辈子去忘记。"

我却想到了另一句话："有些人会一直刻在记忆里的，即使忘记了他的声音，忘记了他的笑容，忘记了他的脸，但是每当想起他时的那种感受，是永远都不会改变的。"

至于阿龙和"锅巴姑娘"分手的真实原因，我从没细问，也不想知道——每个人都应该保留一点秘密。

阿龙今年春节结婚了，新娘子很漂亮，对他也很好。值得一提的是，新娘子做菜的手艺很棒。

过去的就让它都过去吧。

6.你终将感谢自己的不完美

当我们游历千山、渡过万水之后，酸甜苦辣，五味杂陈，剩下的只能是一个个不得不放掉的回忆。

去年腊月，大鹏家里添了个大胖小子。

大鹏是个不折不扣的闷油瓶，话不多，也不爱社交。可是，人走运的时候，真的会"天上掉下个林妹妹"。

大鹏媳妇叫琳琳，是个标致的上海姑娘，我到现在都觉得大鹏配不上他媳妇。可老天就是喜欢搭红线，两个八竿子打不着的人，硬是给撮合到一块儿了。

大鹏给儿子取名小鹏——不知道的人还以为他们是兄弟俩呢！现在的大鹏是掉进了蜜罐子的熊大。

大鹏的前女友叫丽丽，山东济南人，皮肤白皙，性格温柔，说话轻声细语，与人为善，让人感觉很舒服。

丽丽很会烧菜，手艺堪比厨师，几乎所有大鹏的朋友都尝过她做的菜。他们刚恋爱那会儿，丽丽天天给大鹏做饭，并且每天变口味，顿顿换花样。短短两个月，大鹏从"大骨架"猛地胖成了"二师兄"。

除了饭做得好，丽丽还很会收拾房间。总之，她是个很勤快的姑娘，我们都羡慕得不行。

大鹏也是虚荣心"爆棚"，不时盛情邀请我们去品尝丽丽的拿手菜——冬瓜排骨汤。每次，大鹏都会喝得肚子鼓成球——直到再也喝不下为止，他用这种方式来表达对女友的爱意。

大鹏的肚皮整整鼓了一年。后来突然有一天，丽丽不辞而别，没有留下只言片语，就那样毅然决然地离开了！

我问大鹏："是不是吵架了？"

大鹏说："没有呀，走的前一天还一起去逛小吃街了，完全没有任何征兆，走得那么突然，那么匆忙！"

丽丽就像是人间蒸发了一样，电话打不通，微信没人回，微博也不更新了。大鹏去找过，可也是大海捞针，杳无音讯。

一开始，大鹏还担心丽丽是不是出了什么意外，但当他回家看见大半空着的衣橱，就什么都明白了。

丽丽走了，大鹏不清楚真实原因，他还在幻想着她的电话会打过来。也正因如此，大鹏有个习惯，就是他的手机从来不关机。

自从丽丽离开后，大鹏受到了打击，开始有些颓废，经常酒瓶不离手，原本还算帅气的脸变得苍老，生活也邋遢起来。

日子一天天过去，大鹏才算慢慢回到了正常的生活轨道上。他找了一份书店管理员的工作，每天勤勤恳恳地上下班。再后来，他就遇到了琳琳。

一开始，我压根儿就不看好他俩，因为两个人性格迥异：一个木讷寡言，一个风风火火。更何况，琳琳是上海姑娘，而大鹏是来自农村的穷小子，他们无论是生活习性还是经济水平，差异都是非常明显的。

不过，后来我彻底改变了这种自以为是的想法。

大鹏去医院体检，查出患上了白血病。得知消息，我们都觉得他这段看似不靠谱的爱情也将完结。

那天，我去看望大鹏时，琳琳在收拾行李，装了整整两大包。我确信，她要跟大鹏一刀两断了。

就在我瞎想时，没想到琳琳买了两张车票，说要和大鹏一起回上海见父母。

琳琳的家人当然是反对的，态度也很坚决——他们对大鹏表现出一种冷漠。

见家人不同意，琳琳便领着大鹏摔门而出，在上海郊区租了房子住下来。之后，琳琳开始为大鹏到各医院找专家会诊。一个礼拜下来，她跑瘦了5斤。

有家医院的医生让大鹏重新做了一次检查，检查结果让人出乎意料——大鹏身体健康，没有得白血病。

后来，大鹏也顺利通过了准丈母娘的考验，迎娶了琳琳。不久，琳琳就怀孕了，大鹏带着琳琳回到了无锡。他开始学做饭，变着花样儿地做，活生生地把琳琳养成了个胖媳妇。

一天傍晚，大鹏正准备去买菜时，电话响了。电话那头是丽丽的声音，原来她想邀请大鹏去参加她的婚礼，并想当场解释一下当初她离开的原因。听到丽丽的声音，大鹏有些纠结，回了几句就挂了。

丽丽的邀请，大鹏拒绝了。

有一次聚会，我们给大鹏点了一份冬瓜排骨汤，一桌人都喝了，唯独他那一碗都放凉了，他也没动一口。只有我知道，那根本不是冬瓜排骨汤，而是已经放下的过去。

人生就是这么难以预料。丽丽离开后，大鹏遇上了琳琳——他放过了丽丽，成全了琳琳，更为自己争取到了一份简单的小幸福。

谁没有不堪的青春？谁没有刻骨铭心的回忆？当我们历经千山万水、尝尽酸甜苦辣，剩下的只能是一段段不得不放下的过去。

可是，这一切都会过去！

我们的生活就是如此，有所失，必有所得。

7. 你只是自控力不强

慢慢地，她学会了隐藏自我，学会了在处理事情上权衡利弊、留好退路。

吴雨是个极度缺乏安全感的人。

大一时，吴雨在游戏里结识了她的男朋友——一个广东小伙子，温柔体贴，很会照顾人。慢慢地，吴雨和他日久生情，每天在网络里爱得死去活来。

那年中秋夜，我和一帮好友去爬山。爬完山，大家在山脚下的饭馆聚餐。饭吃到一半，服务员刚把酸菜鱼端上桌，坐在我对面的吴雨接了一个电话后，便匆匆放下筷子，说："你们吃，我有点事得先走了，下次再聚。"

大家吃得正痛快，也没人多想。我追出去送她，问："什么事走得这么急？"她快步走向马路边，一边焦急地拦出租车，一边看着手机说："我男朋友等我回去跟他打LOL！"

很快，他们就突破了暧昧关系，成为"现实的情侣"，当然是男生先表白的。之后，每一天他们都"腻歪"在一起——男生在广东，吴雨在江苏，虽然隔得很远，但丝毫不影响他们之间的情感交流，他们无话不说。

很快，吴雨恋爱的消息在朋友圈里不胫而走，大家都开她的玩笑：

"嗨，吴雨，我真是对你无语了，你今年几岁啦？怎么还学人家玩起了网恋？"

"吴雨啊，你对这份感情是怎么看的？心里有底吗？"

……

说者无意，听者有心，吴雨少有地发火了。

吴雨是个典型的"氧气女孩",对认可了的人,她就会坚定不移地付出。很多朋友都说她傻,她则笑他们不懂付出的快乐。

吴雨说,他是个温柔的男生,很会照顾人——每逢生日、纪念日、节日,他都会精心挑选礼物从广东快递给她。她闹情绪,他也会很耐心地哄她。

她第一次觉得爱情是这么美妙,做梦都会笑醒——自己怎么就那么幸运,第一次谈恋爱就遇上了这么好的男生。

那天,和往常一样,吴雨很欣喜地接了他打来的电话。

电话那头,迟迟没有人说话。隔了半晌,他才告诉她,家人帮他介绍了个老家的姑娘,双方父母已经见过面了,年底就要订婚。

吴雨什么也没说就挂掉了电话,她的胸口一阵发疼,像是有一把刀刺进了心脏。

在这之前,吴雨天天看粤语影片学广东话,计划着毕业之后就飞去广东和男朋友生活在一起,厮守终生。她甚至为他们未来要生的孩子都想好了名字——儿子就叫雷磊,女儿就叫雷雨。

男友不放心吴雨,又打来电话。电话这头,她哭得歇斯底里；电话那头，他也在哽咽。然后，她删除了他的所有联系方式。

那是她有生以来最难熬的一个夜晚，她躺在床上翻来覆去睡不着。

第二天，吴雨先斩后奏，买了一张机票飞往广东——她想去看一看他，做最后一次挣扎，为这段本就不靠谱的感情画上一个句号。

她来到他所在的城市，但最终还是没有勇气去找他，只是一个人傻傻地转悠了几天。但她想，就算是上天再给她一次机会，她还是会那么傻，会义无反顾地爱上他。

之后，很长一段时间里吴雨不敢再登录游戏界面，他送的那些礼品她都舍不得扔，可又不忍去触碰……

去年春节，吴雨请我吃饭。在茶楼里，她给我讲了她的那些点点滴滴，说的时候一脸泪水。那是迄今为止我见过的她哭得最伤心的一次。

其实，年前家人就给她介绍了一个男孩子，他的条件很不错，也有上进心。但她说，她怎么也没有初恋时的那份冲劲了。

现在，吴雨早已不是当初那个喜欢哭哭啼啼的小姑娘了。她开始明白，付出和回报不一定等量，真心也可能会被辜负。慢慢地，她学会了隐藏自我，学会了在处理事情上权衡利弊、留好退路。

朋友都说现在的她太理智，太冷静了，跟她在一起很有安全感。是啊，她不敢不理智了，因为上一次她输得太惨，得到了教训。

有些东西，你越是想抓住，却偏偏抓不住，比如爱情。

8. 做一个特立独行的自己

我们喜欢在别人的故事里竭力找出与自己相似的影子，可是你看到的那些所谓的影子，其实都是你自己。

成英脾气很差，连谈七个对象都吹了。

别人分手后都会郁闷，进而消瘦，成英却在分手后两个月内胖了十斤。大家只是陪他吃吃喝喝，没有人敢问他是什么原因。

分手后难免难受，成英也不能免俗——因为执着，因为不舍，因为心甘情愿。

他知道不能再这样下去了，于是带着悲伤去旅行。可是，心不安定，哪里都是悲凉。

在西安临潼区的小镇上，成英认识了同样在用旅行疗情伤的小强。

小强在这里已经待了快一个月，他每天都在漫无目的地游荡。他说，这里是他前女友的老家，他想在这里重新感受一下前女友的气息。他也曾几次打算离开这里，可一拖就拖到了现在。

"同是天涯沦落人，相逢何必曾相识。"他们两个人一见如故。

成英和小强成天在酒馆里喝酒，每次都喝得天昏地暗。就这样过了一些日子，小强哭着对成英说："我要回家了。"

成英问："干吗回家？"

小强说："我想好了，过去的都已经过去了，无论如何舍不得，如何逃避，如何糟蹋自己，也终究换不回那份死去的爱情。

"我打算卖掉上海的婚房，回到宿迁老家盖个两层小楼，然后在家里包一块地，做个小农场主，喂鸡养鸭。有时间就多陪陪父母，或者出去散散心。能过这样的日子，我为什么还要天天在这里买醉呢？

"我爱她，直到现在我还是很爱很爱她，可是，这些都已经过去了。从现在起，我要慢慢把她从心里移出去，以后遇上好姑娘，我还会心动、还会追求。"

有父母在身边，有朋友相伴，还有一位爱人不离不弃——幸福不就是这样吗？

成英在喝醉时，曾说过这样的话：因为执着，因为不舍，因为心甘情愿，所以，哪怕是一厢情愿也要痛快地尝试。

我们喜欢在别人的故事里竭力找出与自己相似的影子，可是你看到的那些所谓的影子，其实都是你自己。这一生，你都在不急不慢、不偏不倚地经历着所有的故事，只是缘深缘浅罢了。

难受的时候，你满目所见都是悲凉。与其难受，不如放手；与其放手，不如放下执念，重新开始。

在爱情里受伤后，只有看轻、看淡，才能更好地生活。如果总是抑郁、悲伤，你又怎么可能再去温暖另一颗心？

前年，成英终于完成了第八次恋爱——这一次他修成正果，娶得娇妻。他很坚定地跟我说："这次不会错了，是真爱。"

新娘子很美，皮肤白皙，面庞清秀。她和成英是在一次聚会上认识的。

那天聚会时，成英心情不好，只是坐着喝闷酒。后来成为新娘子的她，静静地坐在成英旁边，除了她，其他人都没有注意到他。

然后，她悄悄地把成英面前的一杯酒换成了一杯白开水。喝下那杯水的一刻，他整个心都暖化了。

以前他脾气差得要死，可在她面前，突然就没有火了，讲话也轻声慢语。俗话说"一物降一物"，成英这次是彻底地被"降"住了。

婚礼结束一个月后，成英给我发来一条长信息：

"在我前七次的恋爱结束后，我一度以为我再也不会对感情上心了，可当我遇到她，我开始怀疑我自己，并会在见到她时心跳加速。"

"过去，我总是认为，只要有了爱情就应该爱得天崩地裂，死去活来，筋疲力尽。我也曾在每次分手后纠结于过往，迟迟走不出悲伤。"

"可是，今晚当我看到躺在我怀里的她，忽然间体会到爱的珍贵与难得。当我回首过往的种种犯傻，种种一厢情愿，都会止不住地掉泪，我为我能够收获现今这份幸福的感情而感到骄傲。"

看来，放下过往，放下心中的执念，放下一切不好的东西，才会得到快乐——就像成英那样。

9. 放下你的傲慢与偏见

因为自以为是，必然会辜负真相。但有时我们的确会带着偏见看别人，那样只会错过原本就很美的风景。

周末在家赶稿，经常会忘记吃饭。

赶稿的时候，敲键盘敲得飞快，管他三七二十一，啪啪啪一口气敲到最后一个句号，然后脑袋处于真空状态，思维定格，倒头就睡，醒来已经月上梢头。所以，我常常会挨饿。

大多时候，我会打电话点一份外卖，草草吃完，然后躺在沙发上对着手机屏幕发呆。

那天，我点了一份宫保鸡丁盖饭、一份酱爆猪肝，然后躺着看公众号文章，还打了三局"掼蛋"，对方输了两局。

窗外开始刮风，外卖还没有送来。我已经饿得咽口水，肚子"咕咕"叫得像田鸡：我要吃饭，我要吃饭……

怎么这么慢呢？送餐员跟哪个妹子跑去看星星了吗？不对，马上要下雨了，看个毛线啊？就在我饿得快不行的时候，电话响了，我赶紧拿起电话："喂，是送餐员吗？"

送餐员说："先生，您好，我现在在楼下。"

我赶紧说："麻烦送到八楼好吗？"

送餐员说："不好意思，先生，我上不去啊。"

我饿得直想抱着书就啃，想起高尔基说过的话："我扑在书上，就像饥饿的人扑在面包上。"

我真的饿了，我不管，我要吃饭，我要吃饭！

我连滚带爬跑下楼，到了一楼，没看见人。送餐员呢？天开始下雨了，饭呢？我点的宫保鸡丁盖饭呢？

电话又响了。"喂，先生，您住几栋来着？"

我说："你在哪儿呢？我的饭呢？"

对方不说话……

"我住六栋，你在哪儿呢？"

大概一分钟以后，饭送来了。我说了句谢谢，抱着盒饭就往电梯里跑。等我回到家打开包装，一看就傻眼了：怎么是牛肉炒饭？这个送餐员一定是送错了，看他毛手毛脚的一定是个新手。

我趿着拖鞋匆匆下楼，跑出楼道。雨已经下大了，送餐员在整理电动车后座的送餐盒。没等我开口，他就说："先生，对不起，刚才在来的路上我不小心摔倒了，所以，您的宫保鸡丁盖饭……"

我说："没事，你还是先给别人送去吧，我已经喝过水了，我不饿。"

谁说我不饿的？都快饿哭了。

我走过去，把盒饭递给他。我看见他裤腿上满是泥污，电动车车头也歪了。他看着我，觉得不好意思，只是低着头说抱歉。

回到家里，我翻箱倒柜找出一袋咪咪虾条吃了，还喝了几杯水，这下肯定不饿了。

那天之后，我再也没有见过那位送餐员，也许是分到别的区域了，也许是被老板辞退了。

之后，每一次叫外卖，不管送餐员送得多晚，我都不会急躁，因为我怕他在路上骑车太快，那样很危险。

有人见到一次碰瓷儿，就觉得任何人跌倒了都不要去扶；遭遇一次盗窃，就觉得所有人都不是好人。我以为自己学会了"放下偏见"，于是，我兴高采烈地敲打键盘，快速码字；见到隔壁的姑娘，也会兴高采烈地跟人家打招呼……

隔壁那位姑娘是足疗店的技师，大概是因为惯性思维作怪，大家都对她避而远之，同时又喜欢在背后指指点点。我想，人应该放下偏见，理解世俗，善待众生，因为粗俗的人说不定也很善良，莽撞的大汉也可以很单纯、可爱。

我在外地出差，急着去赶高铁，用滴滴打车时，我看见导航上显示的距离只有两公里。可一眨眼的工夫，司机踩着油门就上了高架，我惊讶地看到导航仪上的两公里，变成了五公里。

我急得直跺脚，并且在潜意识里认为，司机一定是想多跑点路，多挣点油钱——那还了得，我要退单、给差评。

就在我刚想按下"取消订单"的时候，脑子里有个念头一闪而过：如果我取消订单，我被扣钱事小，但司机就会白跑一趟——他一分钱拿不到，还要被投诉，因此会没有绩效而失去奖金。

这么一想，后果好严重。我不禁觉得自己好牛，居然可以决定别人的命运。

大多数人都会这样做的，如果你比我穷，那么我有面包就会分你一半，我有一碗稀粥就会匀你半碗。

大家原本就应该互相帮助的嘛！于是，我所理解的偏见，是指对弱势群体的偏见。

高二那年，班里的一位同学丢了钱，告到老师那里，而且他一口咬定是班上另一位同学大海偷的。老师问：凭什么这么说？他的依据是，大海平时很穷，突然间却请全宿舍的人吃饭，那么这笔钱肯定就是他偷的。

这件事查到最后，老师也没有查出来到底谁是小偷。

年底放假前，宿舍大扫除，那位同学在壁橱的一堆臭袜子里找到了他丢失的几百元钱。

他顿时满脸通红，想找被他冤枉的大海道歉，可惜再也没有机会了——大海已经转学，当时谁也不知道他的联系方式，所以这也就成了当年的一大错事。

若干年后，一次偶然的机会，几位老友一起吃饭，正好大海也在。其间喝了不少酒，突然他对我说："晔子，当年我没有偷钱。"

我拍拍他的肩，说："都过去了。"

大海说："可是，当时没有人相信我，就连老师也怀疑我。"

我赶紧说："后来钱找到了。"

他突然沉默了，抓起一个酒瓶摔成碎片，然后举起杯子，又哭又笑："我等这个结果等了这么多年啊！"

我以为我们没有偏见，原来偏见一直都存在。如果当年他的家境很好，那还会不会被人怀疑呢？

回到家中，我失魂落魄地躺在沙发上唉声叹气，因为听见楼上的夫妻又在吵架，摔东西。

后来我知道，那个做足疗的姑娘每个月都会往家里寄生活费，因为她的弟弟还在上中学。

后来我也知道，楼上天天吵架的夫妻，为了继承老人的遗产问题在闹离婚。

过去，我们都在说要放下偏见，意思就是不要总是用世俗的眼光去看待别人。

如今，我们还在说放下偏见，这是因为，其实偏见一直都存在——我们会觉得送外卖的小哥速度慢，很生气，然后给差评；我们会觉得在足疗店上班的姑娘很低俗，然后就抵触；我们会觉得老司机不会开错路，然后很放心；我们会觉得恩爱夫妻不会吵架，然后很羡慕。

看吧，偏见一直都存在。

因为自以为是，必然会辜负真相。但有时我们的确会带着偏见看别人，那样只会错过原本就很美的风景。

第四辑

把生活过成你想要的模样

永远不要轻言等待，等待是多么奢侈的东西。电影里，只需镜头切换，字幕上出现一行小字——二十年以后。然后红颜白发，一切都有了结局，而现在的人生，三年五载，其中哪一秒不需要生生地挨，一辈子真长。

——辛夷坞

1. 去哪里并不重要，重要的是和谁在一起

心中有爱，内心就不会孤单。远方的你想和谁一起去看海呢？

婷婷在上海一家公司做财务工作，她每天按部就班地工作，不喜欢逛街、泡吧，唯一的兴趣便是在家侍弄花草、看书写字，完全就像老年的生活状态。

小庄是自由职业者，一名很单纯的背包客，在天地间四处游荡。

小庄是资深行者，婷婷也喜欢旅行，他们是在大理旅行途中合乘出租车时认识的。在出租车上，婷婷一直在睡觉，车到古城门口，她才被小庄叫醒。

下了车，婷婷有些不知所措。

小庄见她形单影只，自己也孤身一人，便主动说要当

她的向导，她就那么傻傻地跟着小庄了。

在客栈里，婷婷睡了整整一天，直到晚上 8 点多才饿醒了，而小庄已经帮她买好了饭。吃完饭，他们就在古城里转。

大理的街上，到处都是游客。刚进城，看到路边有两位街头画家在画人像，婷婷被吸引住了。她站在那里看了很久，没想到被小庄一把给摁在了椅子上，让画师替她画一张人像。

婷婷还是头一次一下子被这么多人围观，有些害羞，想站起来逃走。

小庄劝道："难得出一次远门，这里没人认识你，没事的，放松点，画一张留个纪念。"

画完像，小庄又带婷婷去吃了乳扇、饵块、饵丝等当地著名小吃——几乎吃遍了一整条街。小庄又拉着婷婷进了一家手鼓店，教婷婷敲手鼓。

手鼓简单易学，只学了几分钟，婷婷就敲得有模有样了。她完全放开了自己，和店里的乐手一起拍打起节奏来。小庄则在一旁录像。

接着，小庄又带婷婷去吃夜宵。饭菜都是超辣的，虽然小庄从不吃辣，但那晚他吃了好多，眼泪鼻涕都辣出来了。

之后，他开始尝试吃辣。我问过他原因，他说他害怕忘记那晚自己和婷婷一起吃辣的感觉，要经常"复习"。

那几天，小庄带着婷婷玩遍了大理，唯独没有去看洱海，因为他临时接到旅游带队通知，要去西藏了。

那天早上，天蒙蒙亮，小庄背着包出了客栈，谁知道婷婷已经等在门口。他们虽然萍水相逢，但却像相恋多年的情侣。

婷婷送小庄离开的时候，两个人起初都没有说话，只是静静地一起走着。突然，婷婷对小庄说："如果有一天你找不到我，你会去什么地方发呆？"

小庄想了想，答非所问地说："我给你唱首歌吧！"

"谁说月亮上不曾有青草／谁说可可西里没有海……陪我到可可西里看一看海／不要未来，只要你来……陪我到可可西里看一看海／姑娘，我等你来……"

婷婷远眺着安静的洱海，问小庄："如果可以的话，下次能带我一起去看海吗？"

小庄说："等我。"

从云南回来之后，婷婷的生活依旧平静如初，每天按时上下班，还是那么喜欢吃辣。只是，她偶尔会打开电脑，对着在大理拍的照片发呆很久。

小庄仍旧穿行在滇藏线上，带领着一批又一批驴友到处游玩。而每次有时间发呆时，他都会从怀里掏出婷婷的照片看上很久。

大半年很快就过去了，北方的秋意已经很浓。

国庆节前夕，婷婷正在网上查看去大理的机票，这时她的电话响了，一看是小庄打来的："喂，我马上到上海了！"

婷婷关了电脑，向车站飞奔而去。

后来，他们并没有去环行洱海，而是去了崇明岛，小庄还在那里向婷婷求婚了。

其实，去哪里并不重要，重要的是和谁在一起——心中有爱，内心就不会孤单。

远方的你，想和谁一起去看海呢？

2. 你只是看起来很勤奋

在做一件事的时候，首先要根据自身情况做出准确、合理的判断，这样才能最大限度地利用好时间，也能把事情做好。否则，你永远都是"看起来很勤奋"。

小王是我的高中同学，大学学的是数控维修专业。毕业后，他在一家机械厂做售后维修。

最近，有件事他想不开：公司里有一个比他晚来半年的新员工，工资底薪却比他高出一千多元。在他看来，无论是维修技术还是工作资历，他都胜过那位新同事。

小王说："我每天都是第一个到公司；每次都是第一时间到外地出差，去维修机器；每次加班，我也从不拒绝。而他每天上班都是踩点打卡，机器维修也一般，还不愿加班，可为什么他的工资却比我的高出很多呢？"

小王的确很努力，以前在学校的时候也是——每天他都是提前半小时上早自习，下晚自习了还要再学习半小时。可是，他的成绩却不见长进。当时，班主任隐晦地劝过他好几次，可他就是没听出班主任的弦外之音，反而变得更加忙碌了。

结果，高考他考得比平时更差。

工作以后，他的这一习惯还是没有改变——做什么事都喜欢打"时间仗"，每天花在工作上的时间远远超过他人，但工作效率却是事倍功半。

生活中，这样的例子太多了。有些人明明很努力、很刻苦，但好像"天妒勤人"，他们偏偏就做不出成绩来。而那些平时看起来吊儿郎当、不怎么用功的人，却经常被幸运之神眷顾。

其实，关键在于做事效率。为什么这样说呢？

小王向我诉苦之后，我就思考了一下这个问题。

我们常常会走进一个误区，就是习惯把"勤奋""忙碌""成功"这几个词画上等号，好像它们之间有着必然联系。比如，忙碌就是勤奋的表现，而勤奋就一定可以取得成功。

事实上，孟子说的"天时、地利、人和"才是做事成败的关键，跟你忙不忙碌、勤不勤奋有什么必然的联系吗？再说了，忙碌就一定是勤奋吗？说不定是瞎忙呢！

有些人所谓的忙，都是表面上看起来很忙，也就是人们所说的"你只是看起来很忙"。但是，这种状态很容易给人一种"我快成功了"的假相，最终会导致他们忽略去做真正能提升自己的事。

这种状态，我们可以称为"自我麻痹"。你每天都提前到公司，从早忙到晚，下班了还留下加个班，干到筋疲力尽才回家——这叫忙碌，绝不能叫"勤奋"，只能算"伪勤奋"。

我们是应该忙起来，但绝不是说像只无头苍蝇一样瞎忙——在做一件事之前，首先得想想最要紧的是什么，以及自己能做什么。

有些人忙得就像机器一样，但只是重复做着一件事，缺少思考。

所以，我们存在的最大的误区就是只知道做事，而不去思考，不去筛选。这也许就是有些人忙忙碌碌却也茫然无措的根本原因。

道理谁都懂，要做到很难。明白做事要思考的人不少，但知道怎样去思考的人也不多。

小时候，我在老家学游泳时会在腰上绑两只油壶，可是，游了一段时间后还是没学会。一个夏天过去了，我晒得跟非洲黑人似的，但游泳时只要一拿掉油壶，整个人就直往水里沉。

这样折腾了两个暑假也没有学会游泳，我一气之下就放弃了。

上大学后，我决心去游泳馆报名重学游泳。在游泳馆，教练先给我普及了一下游泳的几大招牌动作以及每个动作的优缺点，然后教了我一系列的规范训练方法。

几天下来，我就学会了踩水、自由泳、蛙泳等技巧，还学会了如何灵活地运用水的特性在水里很省力地游泳。

没过多久，我就能像很多游泳高手一样憋气、换气，游起来也是特别轻松。最重要的是，现在的我不再怕水了。

后来，我打电话把这件事告诉了我妈。她也感叹，当年我用了两个暑假也没有学会游泳，在游泳馆跟着教练练了十几天就学会了，看来做什么事情都要讲究方法。

是的，什么都要讲究科学方法，没有科学方法做指导，你做事时无疑就会出现忙忙碌碌却收效甚微的尴尬境地。现在我也才明白，所谓的勤奋，无疑就是认真做事的耐心加上有效的思考。

小王向我诉苦后，我给他发了一条微信消息："真正的勤奋不是瞎忙，毕竟每个人的时间都是一样的。我们能做的就是在同样的时间内做出比他人还好的成绩——这才是真正的勤奋。而瞎忙，充其量也就是无聊的辛苦。"

那事过去有一段日子后，一个周末，小王打来电话，说他也加薪了，还说要请我吃饭。

三百六十行，行行出状元。只不过，有些庸人学艺不精，入不了行业的门槛。说白了，他们就是瞎忙，没有进行更深入的钻研。

看完一本书很容易，但看懂一本书却很难。同样，学完一门课程很容易，但学精一门课程真的不是一朝一夕的事。你只有跳出那种流于表面的忙碌假相，好好沉下来，思考自己缺什么，你就补什么，这样你才会事半功倍。

在做一件事的时候，首先要根据自身情况做出准确、合理的判断，这样才能最大限度地利用好时间，也能把事情做好。否则，你永远都是"看起来很勤奋"。

所以，别把那些无用的忙碌当成是勤奋，从那些虚假的表象里走出来吧！

3. 你的选择决定了你的一生

静开在路边的花，它本没有美丑善恶，而是我们这些看花的人，把心中美丑善恶强加给了它。

大学时，阿康特别忙——忙着去图书馆兼职，忙着去跑步，还有很多我不知道的事情。他经常骑着一辆自行车在校园里到处穿梭，我去他那里串门，很少能遇到他。

他的第一份兼职是在学校图书馆做管理员。他干活很认真，老师给他排的班多，所以他是有理由忙碌的。

在周围人的眼里，他是个勤奋好学、打了鸡血的励志青年。纵观他的大学时代，也的确如此。

我们日语班的学生，有很多人逃过课，阿康是大学四年里一节课都没逃过的少数学生之一。

阿康说，为了学好日语，他特地找了一份在一家日本料理店刷盘子的兼职，为的就是能跟那里的日本厨师交流。

大二上学期，他就已经考过了 N2（日语能力二级测试），而那时班里很多同学连 50 个日语假名都认不全。

阿康不喜欢听歌，但他的手机里日文歌曲几乎占了全部内存。学语言就得练习听力，他必须得听——无论周末还是寒暑假，他总在练日语听力。

阿康没有瞎忙，他在为自己而忙。他每天都会晨读，抄写单词、练习听力。他每天都像是处在奔跑状态，别人看着都替他累。

他会因为某个语法问题晦涩难懂而闷闷不乐，当然也会为了搞懂它而苦熬到后半夜。但谈起这几年下来自己记了多少本笔记，用了多少根笔芯的时候，他脸上又会透出几分骄傲的神色。

此外，阿康喜欢运动，每天都会去夜跑。我跟着他跑过几个月，后来因为忙就搁置了。再后来，我也只是断断续续地跑过几次。

他不善言辞，朋友也不多，了解他的人更是少之又少。同学中有人对他的忙碌表示质疑：什么励志啊？就是瞎忙活！他要是真的那么努力，怎么会考个专科（学校）？

诸如此类的评价不胜枚举，但阿康都听而不闻，他仍旧是那么忙碌，那么不合群——他也没有时间去合群，因为他一直觉得时间不够用。

毕业前，阿康辞去了一份薪水不低的实习工作，决定去当兵。这个消息，他当时也就跟我说了。

在大家都坐等毕业的悠闲时光里，阿康静悄悄地忙碌了起来。在老家、学校之间奔波了好几趟，他终于准备好了所有入伍审核的材料。

入伍前，我为他践行。坐在南禅寺西桥头那家小饭馆里，我们一直聊到整个夜市灯火阑珊。那晚，我才似乎有些明白了，为什么阿康这几年会这么忙、这么努力。

在进入大学之前，阿康完完全全是在瞎混——他学美术，留着非主流的长发，耳朵上总是打着几个耳钉，看上去是那么不和谐。

据他自己口述，上大学之前，他的生活就是所有坏孩子的浓缩版，该学的好事他一样不会，不该学的坏事他一样不落：抽烟、喝酒、打架、谈恋爱……

这些都是他给我罗列出的种种劣迹。当然，他说的时候，显出一种释然、豁达的境界。

对于阿康这两种前后截然相反的生活状态，大家是不是觉得很有戏剧性呢?

其实,这世上本就没有什么是一成不变的。

我想,无论哪一种生活状态,都是自己选择的结果。你选择了什么样的生活,你就会成为什么样的人。

我们总是觉得生活不顺,活得太糟糕——殊不知,静开在路边的花本没有美丑善恶,而是我们这些看花的人,把心中的美丑善恶强加给了它。

与其把自己封闭在角落里,不如试着去做一些改变,做一些调整,比如试着活成自己喜欢的样子。

阿康来电话告诉我,在部队拉练后的空闲之余,他还在练习日语听力。

他以后会做出什么成就,我不敢保证,但我相信,他对自己目前的状态是非常喜欢的。

4. 你不微笑，永远不知道自己有多美

微笑是人类最美的表情，是幸福的最好诠释，是坚强的最好佐证。

人生在世，不如意事十有八九。

但不论是困苦还是挫折，不论是悲伤还是喜悦，我们都应该微笑面对。因为微笑能让我们的内心变得强大，能让我们忘却痛苦和不堪，能鼓励我们战胜一切困难。

生活需要阳光，需要微笑。我们要微笑着生活，微笑着看世界。我们因微笑而快乐，世界因我们微笑而美好。

我们小区里有一位物业阿姨，60岁出头，脸上永远挂着笑容。每次我下楼买菜，她都会笑脸相迎，与我打招呼。

一开始，我以为她认错人了，后来才知道，和气、爱笑的她是我们小区的"微笑明星"，还被市电视台采访过呢！

在生活中，当困难来临时，你若是不能勇敢地微笑着面对它，就会觉得它不可克服，从而逃避与退缩，最终向命运俯首称臣，做那种自己都看不起的"懦夫"。

其实，面对困难，我们倒不如潇洒一点，积极想办法去解决问题，这样总好过逃避与退缩。

另一位阿姨，去年秋天，她老伴因病不幸去世后，她便整天以泪洗面，郁郁寡欢。

一开始，大家以为她的状态是因为伤心过度导致的，还都能理解她。可过了好久，她见人还是期期艾艾，说不上三句话就开始哭哭啼啼。

后来，附近的人都躲着她，不愿与她说话了。没过半年，她就得了抑郁症。落得如此结局，未免叫人唏嘘。

多一点微笑，我们就能多一份欣喜；多一点微笑，我们就能多一些智慧。

为何世人会有诸多烦恼？皆因执念太重。若心胸放开些，又何来烦恼，何来哀愁？

世界在变，笑对人生才能活得舒心，获得更多的快乐。

也许人生并不能尽如人意，但我们也应该潇洒地过，比如每天都尽量微笑。我们应当奋力向前，但要带上善良和微笑，带上努力和希望——那样的话，你的人生必定美丽如花，如诗如画。

不管遇到怎样的困难，试着去微笑面对，因为微笑会让自己变得坚强而美丽，也会感染整个世界。

微笑是我们人类特有的宣泄情感的一种方式。微笑是人类最美的表情，是幸福的最好诠释，是坚强的最好佐证。微笑和艺术一样，不分国籍，不分性别，大家都能心领神会，它如同一缕阳光，灿烂而温暖。

一个爱笑的人，一定是快乐的。

跟我在同一个办公室工作的姑娘叫倩倩，她长着一张娃娃脸，见人就笑，特招人喜欢。跟她共事几个月后，我才知道她比我大五岁——她看起来真的不像年近三十的女人，这还真应了那句俗语："笑一笑，十年少。"

她不是特别漂亮，但她在公司的人缘可不是一般地好。大家都说："有困难，找倩倩。"就连我们不苟言笑的领导，有时也乐意开她的玩笑。

公司上下都喜欢她，导致大家经常会忽略她的真实年龄。她还一口一个"哥"的叫我，让我很是尴尬——你明明比我大五岁好吗？

长得好看的气质美女多的是，可爱笑、真诚的姑娘却不多见。与那些满脸愁容的高冷美女相比，我倒是觉得爱笑的姑娘才可爱。

事实也表明，在生活中，微笑的力量不容小觑。

记得有一次我去参加面试，和我一起通过面试的还有两位大美女，但我去公司报到的那天，只看到了其中一位。

后来，人事经理跟我说，两个女生的条件都挺好，当时很难取舍，最后他就录用了这个总是面带微笑的女孩，拒绝了那个高冷的女孩。

不得不承认，微笑确实是无形的砝码，平时我们很难注意到它的作用，可就在不经意间，它会提升我们的生活质量。

善良是本真，微笑是原色，试着多听听自己内心的声音，多微笑，展示出自己最真实的一面。不管经历多少困苦与磨难，我们依旧要保持一颗善良的心，让微笑始终挂在脸上。那样，一切困苦就将不再是困苦，一切磨难也将不再是磨难。

美貌终会衰老，而微笑盛开不败。每个人都是这个世界上独一无二的存在，而微笑就是属于你的最独特的美丽标志。

一个不微笑的人，永远不如微笑的人幸运。你要相信，微笑不仅会让你收获幸福，也会给别人带来快乐。

5. 在拐角遇见另一个自己

旅行是我们通过自己的方式，到另一个环境中找回真实的自己，从此明白自己心中真正想要的是什么样的生活。

旅行仿佛成了可以医治一切伤痛的灵丹妙药，仿佛人生没有过几次像样的旅行就不能算作完整一样。

我们为什么要旅行呢？我朋友的经历里就有最动人的答案。

蔡甜是我的大学同学，在毕业前，她独自去了内蒙古旅行。她没有告诉家人，没有邀好友同行，就一个人背了一包衣服和干粮坐上了北上的列车。

上车后，蔡甜才给她妈妈发了条短信："妈，我要去内蒙古，已经上车。勿念，么么哒。"

蔡甜先斩后奏这招儿还真挺管用，她妈妈想反对也来不及了。

这是蔡甜第一次一个人出远门，她还是个不折不扣的路痴，曾不止一次"头脑风暴"过自己在某个小镇上迷路，然后报警等警察叔叔送她回家的情景。

她害怕买不到火车票，害怕列车晚点，害怕到了外地会不习惯。然而，这一路上，她所害怕的事并没有发生——在这之前，蔡甜甚至没有走出她所在的城市，这 20 年来，她把自己过成了井底的"小青蛙"，所以她决定无论怎样都要跳出"井"去，看一看外面世界的样子。

在乌海下了车，蔡甜刚出站就遇上了令她惊喜的事——她认识了一位深圳女孩，还有一位成都男孩。他们决定结伴而行，组成内蒙古之行的"三人组"。

蔡甜是即将毕业的大学生，没有涉世经验，也说不清此行的具体目的。成都阿哥是位资深旅人，也是一家出版社的签约旅行作家。深圳姑娘刚辞掉她在富士康的工作，一个人出来散心。

不过，没关系，他们很快就熟悉起来了。这就像有时候我们去做某一件事，并不一定就需要找到一个很合理的理由，比如爱上一个人。

这里没有熟悉的朋友，没有抹不开的人情，只有奇妙的相遇与分离，更说不清下一秒会有什么事情发生。

蔡甜对这次偶遇充满了期待。

第二天，蔡甜和两位同伴去胡杨岛玩。登上小岛之后，一棵棵随性生长、东倒西歪的胡杨便映入眼帘。广袤的大地给了胡杨足够的生长空间，它们有的似顽皮的孩童，有的似沉稳的老者，有的似匍匐在沟壑里的雄狮，有的似即将展翅翱翔的猎鹰。

这原始的美，带给了旅人视觉上和精神上的巨大震撼：有些风景是要用心去感悟的。胡杨岛比沙漠多了一些生机，又比城市多了一丝恬静，耳听千遍不如眼见一遍——若不用心去镌刻，又怎会印在灵魂深处呢？

生命中总有一些人、一些事，我们会将其刻在灵魂里。

离开乌海后，一行人继续去旅行。

八小时后，他们踏上了一望无际的塞北大草原。5月正是野草疯长的季节，有些地方的草已经能没过人的膝盖。

蔡甜也顾不得淑女形象了，她一下子就蹲在草地上，鼻子凑近草叶嗅起来。

那种自然的草腥味中还夹杂着淡淡的泥土味,这是她从未有过的感官体验——在这之前,她只知道,衣服脏了要换洗;碰到泥泞的路要绕行;站要有站相,坐要有坐相。

大草原像是有一种魔力一样,可以让她忘记身份,撕下社会身份的标签,没有束缚,回归到自然状态。他们现在都是草原的孩子,这一刻只是单纯地享受着自然的诗意。

当晚,他们寄宿在牧民家里。老乡炖了一大锅羊肉来招待他们,锅里翻滚的羊肉汤所散发出来的诱人香味,让他们每个人都味蕾怒放,不时地咽口水。

饱餐之后,大家坐在毯子上分享各自的生活经历。

深圳姑娘说,她去深圳已有五年,在富士康工作了四年,当突然有一天她问自己今后怎么活时,竟无言以答。

她的老家在安徽,出门工作后她只回过一次老家,听说家里的老房子已经拆迁,父母和弟弟搬进了新家。她的房间,父母一直给她留着,而且母亲每天都会替她打扫,这是怕她不定哪一天就回去了。

她现在辞去了工作,专门出来散心,说是等这趟旅行结束了就买票回家。

成都阿哥是一位旅行作家,常年在外面跑。在他 17 岁那年父母离异,之后,他跟着在一所中学里当保安的父亲生活。19 岁那年，他出去找工作——他的第一份工作是餐厅服务员。

那一年，他才知道外面的世界很大，有精彩也有无奈。再后来，他用了五年时间走遍大半个中国，他的旅行手记现在已装满整整一大箱。

当提到父母时，他没有怨恨，眼里满满的都是爱和幸福。他说他无论工作再忙，走的再远，每年都会花一个月时间陪父母。

蔡甜喝了一口现煮的羊奶茶，望了望星空，说："其实在这之前，我从没出过远门。准确地说，我的生活没什么可以拿来分享的，一切都是那么平淡。可是，不知道为什么，现在的我特别想家，想妈妈。"

说着说着，她的眼泪就流了下来。

阿哥赶紧递纸巾给她。她擦着擦着，眼泪还是止不住地流下来，结果顺着脸颊流到了嘴里。接着，他们就哈哈大笑起来。

在这千里之外的塞北草原，几个素不相识的人聚在一起，就这样分享着各自的故事。老乡阿麽给每个人都添满了茶，做了个礼节式的祷告：该我讲故事了。

阿麽自小跟着伯伯长大，后来就嫁给了阿公。这么多年，她一直生活在这片草原上，不知道外面的世界是什么样子——因为她不爱看电视，也不会用手机。

这么多年，她和阿公一直很相爱。他们的一对儿女都在北京工作，一年难得回来几次。

前段时间，她查出得了胃癌，为了不让子女担心便对他们隐瞒了病情。如今，她的食欲越来越差，还时常会痛得直冒冷汗。

医生建议她住院治疗，她没应允。她说，如果她住院了，阿公就没人照顾了。她每天都要吃好多药，她最大愿望是在有生之年，多做几顿饭给阿公和孩子吃。

听到这里，他们几个人都流下了感动的热泪。

在阿嬷家里住了两晚后，大家就各自离开了。

临行前，蔡甜提议每人出 500 元钱，作为这两天的住宿费和伙食费。可是，阿嬷和阿公断然拒绝了，还在他们每人的旅行包里硬塞了一只羊腿。

在回程路上，蔡甜掏出手机，发了一条 QQ 空间动态：旅行就是离开熟悉的地方去寻找另一个自己，然后以另一种完美的心态归来。

回程的列车即将到达终点时，她发了条短信给妈妈：妈，今晚 7 点钟到家，我想吃糖醋排骨，记得多放糖。

　　我们为什么要去旅行？恐怕没有谁能真正给出标准答案。

　　沿途的风景，偶遇的旅伴，未知的体验……一切物象都是在不确定的情况下出现在我们面前。在我看来，旅行从来就不是治愈心灵伤痛的灵丹妙药，也不是逃避生活现状的避风港。

　　其实，旅行是我们通过自己的方式，到另一个环境中找回真实的自己，从此明白自己心中真正想要过的生活是什么样子的过程。

　　通过旅行，我们懂得感恩；通过旅行，我们正视苦难；通过旅行，我们敬畏生命。因为旅行，我们浮躁的心得以安放。

　　这些都是旅行可以带给我们的。

6. 你没理由不全力以赴

在命运面前，我们都是踽踽独行的孩子，必须要足够努力，用力去拼搏，才有可能拥有自己心目中的美好生活。

前阵子，我在网上看到这样一段文字：我不求年过花甲、白发苍苍的时候能安享晚年，至少我能给自己的一生一个交代，而不是碌碌无为的像个乞丐。

其实，困苦和年老并不可怕，可怕的是我们庸庸碌碌地虚度了一生的光阴，最后还无可奈何地感叹：人生无常。

人活着就会遭遇遗憾，但我们可以尽力避免其中的一些，争取多做一些在老年时值得回忆的事。

不努力，你就永远不知道自己到底有多厉害；不逼自己一把，你就永远不知道自己到底有多优秀。没有人可以百分之百地肯定努力的结果，只是我不想让短暂的一生过得太乏味，所以愿意试着去改变。

我的一位初中同学雨婕，她中考时没有考好，最终没能升入高中。那时候，她为了继续读书，咬咬牙填报了一所职高的志愿。正因如此，班里举办的庆功宴等这类场合中从来不见她的踪影。

雨婕个子小小的，肩膀瘦瘦的，站在人群里一点都不出众。中考后，我看见她在一家服装店做兼职，工作很努力，就像在学校里时一样。当时我想，就冲她这股干劲，以后肯定会有作为。

大一那年春节假期，我回家后偶遇她，她简直让我刮目相看。因为我从她旁边走过时完全没有认出她来。相比几年前，她有了翻天覆地的变化：天生的自然卷头发烫成了小波浪披发，浑身有了不同以往的气质，谈吐优雅得体，一字一句都那么笃定。

我很好奇：这几年她经历了什么？

细聊后我才得知：上了职高后，她的课余时间比较充分。她很勤快，老师也喜欢她，经常点拨她。她说，没有天赋没关系，重要的是不能不努力。第二年，她就当上了学校舞蹈队的负责人，在学校各大晚会上总能看到她的身影。

她一边上学，一边学舞蹈，每晚睡觉时都要把脚绑在床上，也因此经常半夜里疼醒。室友都劝她别那么拼，她却一笑而过，说学得晚，不多练练骨头就硬了，习惯后就好了。

第三年，她带领学校舞蹈队参加了全省的专业性舞蹈大赛，拿了团体亚军和个人风采奖。值得一提的是，参赛代表几乎都是专业舞蹈演员。

去年，她毕业后去找工作，在外奔波了两个多月却没有理想的结果。

我们不能说她不优秀，可生活有时候就是这样，不会永远顺风顺水。我欣赏她的是，她能够尽自己最大的力量去做一件事，就算结果不尽如人意也不悔恨。

记得小时候，我总是会纠结于长大后是上清华还是北大，可最后只是读了一所再普通不过的大学，待在江苏的一个小城里做着一份简单的工作。

我也曾经参加歌唱比赛，第一轮 PK 赛就碰上了上一届的歌唱冠军，所以最后连复赛都没有进。

有时候，成功总是与我们擦肩而过，这并不一定就是我们差劲，而是促成成功的因素不仅仅包括努力，还有天时、地利。

我曾经生病住院，记得有一位病友满头银发，有六十多岁，每天都躺在床上看书，还坚持用 iPad 看新闻。

有些病人每天都愁眉苦脸，可这位老大爷却像住在自己家里一样。当家人来医院探望时，他总是说："放心，我很快就能出院了。"

当时，我仿佛突然明白了——明白了过去所做的一切，也明白了现在我要为自己的未来去努力。

出身富贵或贫穷我们不能决定，但未来的生活我们可以去改善——你拥有健康的身体，为什么不去好好努力呢？

一位朋友上高中那会儿不慎摔断了腿，足足在床上养了半年之久。当时，以他的成绩考上重点大学是没问题的，谁知他养病期间落下了很多课程，最后只考取了一所普通大学。

大家都安慰他，说好歹也是本科，去上吧。可他固执地要去复读一年。

一年后，他的高考分数刚刚达到"二本线"，于是辗转去了广西上大学。在大学里，他学的是农林管理专业。我对他说，好好学，以后会变好的。

这次他说，一个人也可以很洒脱，他会好好努力，按照自己的想法去生活。他偶尔做兼职，用挣的钱去旅行——做自己想做的事，这就是他想要的生活。

他就快毕业了，实习时他进入了一家知名企业工作，实习工资比我的正式工资还高。当然，重点是他喜欢这份工作。

曾经我一度想着，大学毕业后自己就可以经济独立，然后买房买车，创业当老板。可梦想哪有那么容易实现——如果所有事都会水到渠成，我们还那么努力干吗？

这几年，我在很多工作岗位上待过，看到过很多社会底层劳动者的真实故事。他们大都是普通人，最大的愿望就是家庭美满，家人健康。

这是普通的心愿，也是珍贵的心愿，但很多人愿意为了实现它日日夜夜操劳，去努力，去奋斗。

理想不是苍白无力的口号，而是会体现在生活的点滴中。

在命运面前，我们都是踽踽独行的孩子，必须要足够努力，用力去拼搏，才有可能拥有自己心目中的美好生活。

7. 没有你，我拥有全世界也备感孤单

要输就输给追求，要嫁就嫁给幸福。

赵平是我认识的最厉害的路痴。他有一辆二手桑塔纳轿车，是赚外快买的。他的车破得蛮有风格，他也经常开着它带我们去野炊。

为了创业，他从浙江跑到无锡，把女朋友晶晶扔在了老家。现在，他和晶晶分隔两地已经三年，他们会经常吵架。

他脾气急，说话声音很大，但基本上属于说完就忘的人。他的确特别健忘，比如走了好几趟的路，他都记不住。

有一次，晶晶赶夜里的火车来无锡，出了车站，她就等着赵平来接她。

当时赵平睡得迷迷糊糊，起来后他就自己瞎摸着开，结果硬是顺着道把车开到了无锡东。那一晚，晶晶是又好气又好笑，最终打了一辆出租车把赵平带回家。

他们经常吵架，在一起时会吵，不在一起时就在电话里吵。吵架的原因大致是，晶晶认为赵平的公司业绩不好，要他关掉公司重新找份工作去上班，这样可以图个安稳。而赵平认为，虽然公司暂时不景气，但毕竟是自己一手创办的，不想就那么轻易地关掉。

后来，他们吵着吵着就在当年春节正式分手了。晶晶的家人给她安排了相亲，她和一位义乌的批发商在一起了。赵平还是天天在搞公司的那些事。

我劝赵平别太难过时，他说："为这种女人难过值得吗？想想真是后悔当初还跟她谈婚论嫁，这种见利忘义的女人不要也罢。"

我说："这么讲也不妥，毕竟你们长期两地分居。"

赵平点上一根烟，好久才说："这个女人，现在我天天做梦都梦见她。"说完，他被自己吐出的烟雾熏哭了。

我实习时就在赵平的公司，每天跟着他到处跑客户，谈合作，累得都想哭。

有一次，我陪客户喝多了。赵平开着车赶到后，他扶着我进了他的车，说要送我回家。

等我酒醒后，发现车子停在高速公路下面的小道上。我一脸茫然，问他："这是哪儿？"

　　他指着不远处的大桥，说："江阴。"他低下头，又不好意思地补充说："车快没油了，我就没敢上高速。"

　　我当时心里真的是五味杂陈，就问他："一路上，你就没觉得有什么不对吗？"

　　他说："我就知道那么一直往前开，你说我为什么就不知道回头呢？"

　　我安慰他："没事，没事，咱们再开回去，下次记得装个导航仪。"

　　赵平说："我一直都是在往前开，从来没有想过回头，所以就把晶晶弄丢了。她告诉我，她以前很爱我，但现在觉得跟我不是一路人了——她还在原地，可我往前走得越来越远了。

　　"我一直怨恨她，不就是不爱了吗，干吗还说得这么冠冕堂皇？可是，就在刚才我想通了——感情这种事是勉强不了的。"

　　"很多时候我会想这个问题：如果当初我没有出来创业，我们是不是该结婚了？是不是都有孩子了？"

　　我说："别唠叨了，咱们赶紧找个加油站给车加油，回家。"

　　赵平就那么又开着车上路了，只是仍旧会出岔子——

快开到镇上时，车子抛锚了。赵平说："开了这么久也该报废了，推到镇上把它卖掉，我们坐车回家。"

那辆车后来真的当废品卖掉了，一共卖了两千多元钱。

临走前，赵平在车座下面发现了晶晶以前送给他的汽车吊坠——丢了那么久一直没找到，原来在这儿。

他拿起那个吊坠，拉着我就往车站走。

我问他："你知道车站在哪儿吗？"

他说："不知道啊，刚才来的时候我看到路边有公交站，那里肯定有去车站的公交车。"

我问他有关那个吊坠的事。

他说："晶晶第一次来无锡时，我带她去苏州灵岩山拜佛。晶晶向寺里的师傅求了个符给我，后来把它做成了吊坠。她说这里面装着对我们的期望，可现在人都离开了，留着它还有什么意思啊？"

说着，他就把吊坠往地上一摔，玻璃摔碎了，里面有张纸条。我拿起里面的小纸条，随手塞进包里。

上车前，他呆呆地望了那个废品站好久，所有和那辆二手桑塔纳轿车的回忆就永远地留在这里了。

回到无锡后，他更加拼命地忙生意，等到公司赚了一笔钱后，一下子像是起死回生了。一年后，他换了一辆新车。

公司现今雇有二十多个员工，还有职业经理帮他打理，所以他没事就开着新车到处兜风。

毕业后，我离开了赵平的公司。临走前，他告诉我，晶晶跟那个批发商原本打算年底结婚的，因为批发商背着她乱搞男女关系，她一气之下就分手了。

他冷笑道："真是报应啊！"

今年过年，赵平发来一张他和晶晶的照片，后面还补发了一大段文字："今天，我从上午 10 点起驱车 6 个多小时，行程 200 公里，在下午 4 点左右赶到晶晶所在的县城，不为别的，只为给她送一份生日礼物，给她早该拥有的温暖。

"如今我不再固执往前，终于学会认路了。我不求她能感动，只希望她能接受和原谅我当初的桀骜和固执。"

"下车后，当我看到她站在路口，脸蛋和耳朵都冻得通红，那一刻我丢掉了手里冰冷的玫瑰，向她奔跑过去……"

据赵平后来说，当时晶晶哭了，抱着他说："我一直在等你。"

他整个人都蒙了，身子完全不听使唤，只是满脸泪水地对晶晶说："晶晶，对不起！现在，我可不可以娶你？"

其实，晶晶藏在汽车吊坠里的纸条上写着这么一句话：

"如果此生没有你，纵使拥有全世界，我也是个可怜人。"

在爱情里，只要认定了是真爱那就勇往直前吧，诚如汪国真的诗句：要输就输给追求，要嫁就嫁给幸福。

8. 内心再强悍，总有一副脆弱的皮囊

我希望，有一天时间会突然停止，一切美好的瞬间都被定格，哪怕是余生都在痛苦中度过，我也心甘情愿——就为了遇上最好的爱情。

曾有人问我："这个世界上有没有最好的爱情？"

我说："你觉得有，那就有。反之，亦然。"

在年轻的时候，遇上一个自己喜欢的人，你都会觉得：他就是自己苦等三世等来的"真命天子"，她就是自己前世五百次回眸换来的"真命天女"。

是的，这世上只有最合适的爱情，没有最好的爱情。

所以，那些为了死去的爱情而久久不能释怀的人，他们只

是还没有爱得刚刚合适——要么轻了，要么重了，绝不是刚刚好。

有一年无锡大雪，喜欢听五月天的歌的玲玲，送给好朋友唐堂一块手表。一个月后，他们确定了情侣关系。

他们都喜欢对方，但也经常吵架。第二年 5 月底，又一次发生矛盾后，唐堂不小心把手表摔坏了，镜片碎了，表针已经模糊得看不清时间。

玲玲生气地说："我们分手吧！"

唐堂说："我答应你。"

当时，唐堂手里拿着五月天上海站演唱会的门票，蹲在地上久久站不起身来——说好的演唱会没看成，说好要相爱一辈子的爱情也夭折了。

手表就那么毫无预兆地碎了，他悔恨不已。他试图安慰自己，但越想越难受，眼泪就止不住地涌出来。

唐堂拨通了她的电话，试图做最后的挽留，可电话里提示：你所拨打的电话是空号。还没来得及说再见，就再也不见了，如果还有明天，该怎么去说抱歉？

前年，唐堂离开这座让他伤心的城市，只身去了苏州。去年，唐堂和我在饭店里喝酒时，跟我说了他的爱情故事。

饭店里正放着五月天唱的《你不是真正的快乐》，听着歌，我看见唐堂隐隐约约中流下了眼泪。

隔壁桌坐着一对情侣。

男生说："这么晚了，回家好吗？"

女生说："除非你答应我，以后吃爆炒猪肝时不要放辣椒。"

男生站起来，冲着厨房大喊："老板，爆炒猪肝一份，不放辣！"

女生坐在一旁捂着嘴偷偷地笑，不小心碰洒了一杯水。男生立马跑过来，用纸巾替她擦身上的水渍。

唐堂的眼泪一颗一颗往下掉，后来他站起身走过去，对那位男生说："兄弟，谢谢你！"

那对情侣有些摸不着头脑。我忙跑过去把他拉了回来，他的心情，我懂！

这个世界上有最好的爱情吗？

我喜欢你，你就一定要喜欢我。因为你喜欢我，我一定会喜欢你。是这样吗？恐怕未必。

饭店里的那位男生，只是用"爆炒猪肝不放辣"就把女朋友哄开心了，而现实中更多的人，在犯错之后不一定能获得对方的原谅。

以前，我看见过这样的场景——

一位男生跟女生求婚："亲爱的，我向你保证，我会好好保护你，不让你受一点委屈，你愿意嫁给我吗？"

女生感动得不行，当场哭哭啼啼地说："好，我愿意。"

当时，我真想对那姑娘说："以后的日子里，他有可能会伤害你；而你，也有可能会变得刻薄、冷漠。"

女生说："你以后要对我好。"

男生拍着胸脯说："我会的。"

女生说："你不会骗我吧？"

男生说："怎么可能？"

女生说："好，我相信你。"

当时，一众围观的人都为此情此景感动得落泪，原来这就是最好的爱情，原来在爱情里可以这么容易地说"好"。

所有人都希望好，但时间不一定说好。所有人都说好，但当事人不一定说好。大家都说好，结局不一定会很好。

那么，这个世界上有没有最好的爱情？

我说有，但不一定有；我说没有，但也可能会有。因为年轻，无须勇闯红尘俗世，不必惯看花开花落，当然也不会有"回首即是天涯"的感慨。

我希望，有一天时间会突然停止，一切美好的瞬间都被定格，哪怕是余生都在痛苦中度过，我也心甘情愿——就为了遇上最好的爱情。

可现实是，时间根本不会停下来去等谁，岁月留给我们的只是抹不去的回忆。

只是，是否有人愿意陪你去天涯海角，是否有人愿意陪你看细水长流，是否有人愿意陪你在深夜疗伤——就算你离开了，是否会有人痴痴地在原地等待。

在我看来，过去的也就过去了，与其活在回忆里走不出来，还不如谈上一段"爆炒猪肝"式的恋爱——和合适的人在一起，这样两个人在相处时不会累、不会倦，生活还会因此多出几分色彩。

9. 未来已经到来

要有多幸运，才能在千万人中遇见你；要有多幸运，才能在浩瀚星空下和你并肩行走；要有多幸运，才能和你就这样一起地老天荒。

某天，陆南打电话给男朋友："再见！"挂完电话后，她哭得一塌糊涂。

陆南分手了，原因是男友劈腿，但具体细节不详。有一天，她对我说："终于解脱了，我再也不会为这个男人掉一滴泪。"

我问："为什么？"

她说："天下的男人都是一样的，爱你的时候，你说啥都是圣旨；不爱你的时候，你连存在都是个错误。"

我问："那你以后还会为了他哭吗？"

她说："哭个毛线，再哭就让我去吃狗屎。"

话不能说得太满，我还是先交代一下陆南的上一段爱情吧。

那天下班后，陆南突然想吃冰淇淋蛋糕，于是就去逛商场，顺便也想给男友买份生日礼物。

路上堵车，陆南坐在车上气得直跺脚。后来她才知道，原来碰上堵车不是最倒霉的事——最倒霉的事是，她看见男友正搂着一个浓妆艳抹的女生逛街。

男友劈腿了，她心想。

然后，男友也看见了陆南。一瞬间，男友像是见了鬼似的，大张着嘴，久久合不上。陆南假装没看到他，照常从他旁边走过，左看看，右看看，然后转身立刻逃离。

男友追了上来，但陆南躲进服装店的试衣间里，他没有找到。

陆南从商场离开后，接到男友打来的电话："对不起，我一直想跟你说……"

陆南没说话，让手机远离了耳朵，电话那头还在叽叽喳喳，但陆南已经毫不在意对方说什么了，随手挂了电话。

男友的电话又打了过来："南南，对不起！"

陆南平复了一下心情，说："再见！"

电话那头还在说："对不起……"

放下电话，陆南哭得一塌糊涂。接下来的日子，陆南开始喝酒，开始泡吧——一杯又一杯灌酒，一次又一次喝醉，一夜又一夜流泪。

有一天，陆南从酒吧出来后，在路上东倒西歪地走着，然后跟跟跄跄地拐进了一家饭店。

陆南已经醉得看不清菜单上的字了，于是对一位服务员说："把你们这儿最贵的菜挨个儿上一份，老娘有钱。"说完，她瞧见对面坐着一对男女。

女人双手交叉，抱在胸前。以陆南的经验来看，这是要吵架的节奏。男人低着头，不说话。

女人说："张凡，我告诉你……"这句话像是每个女人的口头禅。

陆南去卫生间洗了一把脸，稍微清醒了些。她慢慢地走出卫生间，离得远远的就听到那女人还在指责男人："张凡，我告诉你，作为男朋友你做的实在是太不到位了。我要的是你多做事，少说话，我说完上一句，你就要猜到下一句。

"你都是有女朋友的人了，没事老往外面跑什么啊？你以后离那些个狐朋狗友远一点。"

陆南听到这里，浑身就像被针扎了一样。突然一个激灵，在意识尚未完全清醒时，她仿佛看到了平日里那个两手环抱、颐指气使的自己，也是这样跟男友说话的——字字句句就像是一个人说的。

男人不说话，只是不停地点头。

女人说："你要是还改不掉，咱们就分手吧。"

陆南以前也常把这句话挂在嘴边。她看着那女人的一举一动，就像是看见了另一个自己，越看越心慌。

她快步走到对面的桌子前，对那男人说："哥们儿，看你长得挺阳刚的，怎在女人面前挺不直腰板呢？有的人就是蹬鼻子上脸，估计你妈也没有这么说过你吧？这摆明了就是欺负人嘛，你说你是不是傻？这种女人还不抓紧休了！"

那女人立马急了："你是哪儿冒出来的？我管自己的男朋友，关你什么事啊？"

陆南借着还没散去的酒劲，大着舌头说："你先别说话，你让这哥们儿自己说说，他受得了你这样管教吗？像你这种大小姐脾气的女人，老娘我见的多了，把自己的男人管得屁都不敢放，你有劲呀？"陆南觉得自己骂得特过瘾，当了一回"路见不平一声吼"的女侠。

饭店里的客人全都围上来看这场狗血剧，连厨师也都不炒菜了，出来看热闹。

眼看两个女人要为一个男人大打出手，饭店经理见情况不妙，就叫来几个服务员把陆南弄走。在被服务员拽走之前，陆南还对那男人大喊："哥们儿，能过就过，不能过就分。她不要你，我要！"

出了饭店，陆南感觉自己快要飞起来了，要飞到男友身边去。服务员帮她叫了出租车，她嘟嘟囔囔说了几句什么，然后坐在车里沉沉地睡了。

梦里，她梦到自己和男友正在厨房里做早餐——煎鸡蛋，煮牛奶，而她笑得很甜。笑着笑着，男友的模样逐渐模糊到她已经辨认不出。

陆南醒来的时候，已经是第二天中午，当时整个人瘫倒在客厅的地板上。

她已经记不清昨晚发生了什么以及自己是怎么回家的，她只是觉得浑身没有力气，起来后想去倒点水喝，却发现饮水机已经空了好几天。

看着空荡的房间里只剩下昏沉沉的自己，陆南仿佛掉进了另一个世界——这里是那么陌生、那么冰冷、那么叫人难受。

陆南发誓一定要活出自己——不就是分手吗，又死不了人！

回到公司后，陆南开始疯狂地赶项目，疯狂地加班。

季度考核，陆南所在的小组受到奖励——去泰国旅游。全组的人高兴得互相拥抱以示庆贺，只有陆南什么都没说。

要是人一旦变成"行尸走肉"，就连她的房间也会跟着失魂落魄。陆南的房间现在像是被炮弹刚刚轰炸过似的——墙上的画歪挂着，阳台上的吊兰半死不活，客厅的茶几上凌乱地散落着杂志。

陆南觉得，也许出去走走，生活状态可能会恢复得快些。接着，他们全组人员飞到了泰国。

晚上，大家提议去酒吧街看人妖表演，陆南本来也不知道去哪儿玩，就跟着一起去了。

晚上9点，人妖开始出场，大家争着去看人妖表演，只有陆南一个人坐在那里喝酒。

一群当地小混混走了过来，嘴里操着一口泰式英语："Hello，girl，dancing together？"

陆南斜了他们一眼，没有搭腔。

混混的头头有些不耐烦了："You dancing with me！"

陆南根本不想搭理他，便回道："一边玩去！"

当中有个懂中文的小混混突然跳出来说："呀，中国妞，Chinese？"

这群小混混感到很兴奋，说着就要上来动手。

这时，啪的一声，只见一个空酒瓶砸在了那个小混混的头上，顿时，酒吧里乱作一团。陆南被一个人拉着就往外跑，斜眼一看，是她的前男友。

陆南猛地挣脱开，问："你怎么在这儿？"

前男友说："碰巧。"

陆南吼了一句："滚！"说完就要转身走开。

这时，那帮混混已经追了上来，前男友被人一把按住，踢了一脚。

一个小混混用蹩脚的中文说："小子，你找死！"

前男友怒道："她是我女人，你给我滚开！"

那小混混又叽里呱啦说了一通泰语，陆南一句都没听懂，但从那混混的表情上看就知道不是什么好话。

小混混一边说着，一边往陆南身边凑，想去抱她。前男友见状，一把将陆南拽到身后，狠狠地给了那小混混一拳。

再后来，他就被那帮混混揍了一顿。

那帮混混走后，陆南才扶起鼻青眼肿的前男友。前男友擦了擦嘴角的血丝，说："你要照顾好自己，别来这种地方。"

陆南冷笑道："你现在跟老娘说这个，早干吗去啦？老娘不用你管，死了也不用你管！"说完就跑出了酒吧，消失在异国街头。

出了这样的事，大大降低了大家的玩兴，后面的行程大家都玩得很低调。

回国后，陆南再没有见过前男友，也就不知道关于他的任何动态。

几个月后，前男友的妈妈来找陆南，交给她一个笔记本。陆南打开笔记本，一页一页地翻着。她慢慢地蹲在地上，咬得嘴唇快出血了。

她想说："不能哭，老娘的妆不能花。"可是，还没等这句话说出口，她就已经泪如雨下。是谁说永远都不会再为他流泪了？是谁说再为他流泪就去吃狗屎的？

如果可以，她宁愿去吃狗屎——前男友从泰国回来两个月后死于癌症。他得了不治之症，永远地躺在冰冷的地下了。

我陪陆南去祭拜过他的墓。

那天，我看见陆南咬着嘴唇，一声不吭，泪水冲花了她出门前刚化的妆，她的眼神里充满了痛苦和绝望。

她跟我说，她会经常翻看前男友的日记：

今天我在街上碰见她了，当时我牵着一个女生的手在逛街。她肯定特别难受，我想，我们算是结束了。（2015年2月16日）

今天南南又喝酒了，司机把她送到楼下，她连电梯都找不到，我把她送上楼之后就走了。南南，以后别喝那么多酒。（2015年2月22日）

今天下暴雨，我去医院复查，医生说我最多还能活三个月。我不想死啊，还有好多事没有做。（2015年2月26日）

今天是晴天，我坐在南南飞往泰国的这架飞机上，我能看见她，她看不见我。我的时间不多了，我想再多看看她。（2015年4月2日）

今天是阴天，晚上我在酒吧见到南南了。她很恨我，这样挺好，起码恨比爱要容易使人放下。时间又过去了一天，我的生命又少了一天。（2015年4月10日）

今天下雨，我在医院做化疗，我想去找南南，可是连

写字的力气都没有了，我是不是快死了？我是不是再也见
不到她了？（2015 年 6 月 28 日）

　　2015 年 11 月 20 日，陆南更新了微博：

　　要有多幸运，才能在千万人中遇见你；要有多幸运，
才能在浩瀚星空下和你并肩行走；要有多幸运，才能和你
就这样一起地老天荒。纵使我拥有千百个明天，只希望在
我身边的人是你。

第五辑

我偏爱少有人走的路

誓言用来拴骚动的心，终就拴住了虚空。山林不向四季起誓，荣枯随缘；海洋不需对沙岸承诺，遇合尽兴……连语言都应该舍弃，你我之间，只有干干净净的缄默，与存在。

——简媜《海誓》

1. 所有的失去，一定会温暖归来

时间是医治心灵伤痛的最佳良方，经过时间的沉淀，曾经那些所有过不去的事情，终将都会过去。

很多人都喜欢旅行，尤其是心情不好的时候，总想一个人出去走走。

有人说，旅行是为了寻找另一个自己，而后更好地回家。

那年夏天，暑气正浓，柱子刚刚毕业。一天晚上，他接到一个电话，然后打车赶到了苏州的金鸡湖边。

柱子是来见他的女朋友的，可是没等他来，她就走了。他痴痴地坐在路边，任蚊虫叮咬。

旁边的店铺里放着许嵩的歌《如果当时》《灰色头像》，柱子听着歌，眼泪就落了下来。

"你灰色头像不会再跳动，哪怕是一句简单的问候，心贴心的交流一页页翻阅多难过，是什么坠落、升空？"

毕业季就是分手季。柱子拿着电话，说了一声又一声"我喜欢你"，可是对方却听不到了。

后来，柱子辞了工作，离开了苏州。听着许巍唱的《曾经的你》，他开始了旅行。他不知道自己要去哪儿，反正就先那么走着吧。

爱情，似乎不是遇见得太早，就是遇见得太晚。

他一直以为他们的相遇是一场意外，一直以为她就是那个对的人——他们会一起走过青春，度完余生。

他以为，他们只是暂时的分开了，还会再重逢。他以为，他们都只是任性赌气的孩子，分开以后，总会有再次牵手的一天。

他以为……所有的都是他以为。

现实和理想走了两个不同的方向：她向左，他往右。就在他以为他们在一点一点接近的时候，其实两人已经越走越远。

第二年，柱子还是回到了苏州。

仍是暑气正浓的夏季，他再次来到金鸡湖。他拨通了她的电话，不过是这样的结果："对不起，您所拨打的号码是空号，请查证后再拨。"

得知柱子回了苏州，当年的朋友都来为他接风。后来他才知道，就在他离开的那一年，她去了苏北。

柱子在女生的 QQ 空间里洋洋洒洒地写了很多留言，但女生从来没有回复过。

第三年，柱子戴了近七年的玉佩，就那么毫无预兆地因为绳子断裂而摔碎了。

那玉佩是他和前女友当初的定情信物，他为此心疼了好久。后来，他重新买了一块玉佩戴上，说是习惯了脖子上挂着东西。

在那段单纯的时光里，两人的相遇，也许是到目前为止他的人生里最为美好的故事。

他依然会想起她，直到现在他还经常梦见她——干净、纯白色的校服，高冷的面庞，专注听讲的神情，还有很多美好的画面他都记得清清楚楚。

当青春和梦想都渐行渐远，他开始慢慢适应了没有她的日子。他们之间也将画上一个不完美的句号。

前年年底，柱子回到了苏北老家，也终于找到了她的联系方式。

她的身边出现了另一个男人，见过他们的朋友都说，他俩很般配！

当知道真相后，他忍着心痛，强作笑颜地祝福她找到了真爱。

柱子躲在没人的地方哭了。放手吧，结果早已注定。当事实重重砸在他面前的时候，他终于明白，自己不该再有奢望。

有一次，柱子与我一起喝酒，喝多了之后拉着我给我讲故事。故事里，他这样对她说：

"婷婷，你知道吗？从今往后我再也不能说喜欢你了，我知道你就要嫁人了。我不会再一次次地进你的QQ空间，习惯性地去关注你的动态了，不会再主动和你聊天了。这无关心胸、无关气度，我只是怕我摆脱不掉这从一开始就养成的习惯，更怕打扰你现在的生活。"

"你还记得我们经常一起去吃饭的那家玉龙小饭馆吗？你还记得那时候我陪你通宵看《大话西游》吗？那部《大话西游》我后来又看了好多遍，现在你还记得当初它带给我们的感动吗？"

"我们曾经共同拥有的朋友，现在也渐渐失去了联系。有时候，一想到这些，真的好想哭！婷婷，你在听吗？"

很多时候，那些我们想拼命留住的记忆，最后往往都会消失得无影无踪——感情又何尝不是呢？

青春年少时，谁没有过一段刻骨铭心的爱情？谁的心里没有住着一个忘不掉的人呢？但是，当初说过的多少情话，许过的多少诺言，都会在时光的流转里烟消云散。

如果一件事你不能释怀，那就把它交给时间；如果一个人你不能忘记，那就也把他（她）交给时间吧。

时间是医治心灵伤痛的最佳良方，经过时间的沉淀，曾经那些所有过不去的事情，终将都会过去。许多年以后，就算偶尔想起，也只是微微一笑，说一声：云淡风轻！

下面这段话是后来柱子写给婷婷的独白：

"这些年，你一直都在我心里，挥之不去。"

"曾经，我也想过，假如有一天你离开了我——如果真有那么一天，我觉得我的世界一定会天崩地裂。但是，现在我才发现，我也可以坦然地面对今后不再有你的日子，可以安静地去过一个人的生活，甚至可以不痛不痒地和你聊一些不着边际的话题。"

"也许时间久了，我已经习惯了一个人的生活，一个人工作、看书、旅行，一个人去面对生活中的所有事情，就像你还在我身边时一样。"

"请你记得，我曾经喜欢过如此美好的你，也谢谢你陪我走过的那段岁月。从此我的世界不再有你，纯粹得就好像我的生命里曾经只有你。"

不觉之间，年华逝去，岁月催人老。曾经说手牵手一起到白头，回首却已是天涯。

2. 别拿他人的错误惩罚自己

十年之前，我不认识你，你不属于我……十年之后，我们是朋友，还可以问候……

去年，我在无锡招待了高中同学露露。

那是一家木色砖墙的日式餐厅，安静地坐落在闹市区背后，挂在门口的暗红灯笼在风中微微摇曳着，店内的轻音乐在空气中似有若无地飘着。

露露梳着一条马尾辫，看起来显得很精神、干练，她的微笑里也透着一种自信。邻桌的客人买完单出门时，仍不停地回头看她。

我们一杯接一杯地喝着清酒，偶尔呵呵地傻笑。几杯酒下肚后，她拿出她的小说手稿给我看。

带着几分酒意，我看了几眼她的手稿，意识却有些情不自禁地往回倒流。

六年前，在东中读高中时，露露坐在我前排，穿着蓝白相间的校服，留着齐肩短发。

一天晚自习，她告诉我，她喜欢上了一个男生。

我问："是谁？"

她摇头，只说："你猜。"

我们班共有 24 个男生，我连猜了 23 次，她都说不对。

我的小心脏开始怦怦直跳，不会是我吧？虽然她长得不是太好看，成绩也一般，但青春期里的告白总会叫人心动不已。

她扭捏了半天，对着我的耳朵小声说："是另一个班的赵建。"

当时，学校举办"英文歌曲大赛"，我跟露露都参加了。全年级总共有 30 多人参赛，大家都在会堂里进行彩排。

赵建也是参赛选手，是大家公认的"东中好声音"。那天，他走到露露身边，有些不屑一顾地说："王露，马上就要比赛了，想好穿什么衣服了吗？不会就穿校服吧？"

打那之后，我发现露露穿衣服讲究了——就算穿着单调的校服，头上也要别一朵头花。

赵建天生嗓子好，人又长得帅，倾慕他的女生自然不会少。那时，他和一位留着大波浪发型的学姐走得很近，他们能从莫扎特聊到肖邦，从《高山流水》聊到周杰伦、方文山。

临比赛前，学姐还不忘鼓励他："加油哦，你是最棒的。"

露露听到后咬牙切齿，抓着我的胳膊说："你要是赢了赵建，我请你吃麻辣烫，20块的。"

我瞬间鸡血满满，感觉这偌大的会堂再也装不下我。我从后门钻出，溜到后操场，练习了无数遍我的参赛曲目 *Now that she′s gone*。

比赛时，我和露露都在第一轮 PK 中被刷了下来。最后的结果是，赵建也没有拿到冠军，外号"大狼狗"的班长成了大赢家。

说好了 20 块的麻辣烫，价格被腰斩了一半。露露和我坐在大桥下的那家玉龙小吃店里，她只点了一份给我，所以我就一个人吃着。

她坐在我对面，低着头不说话。突然，她把头凑过来，小声问我："你说我要是烫个大波浪，赵建会不会喜欢？"

一口汤差点没把我呛死。我清清嗓子，一脸无辜地看着她，说："我不知道。"

她一把抢过我的碗："说不说？不说，这碗麻辣烫自己付钱。"

在她的"淫威"下，为了一碗麻辣烫，我堂堂七尺男儿只好弯了腰。我悄悄告诉她："放心，指定好看。"

第三天，露露把齐肩短发换成了大波浪。

露露长相一般，智商更次一等，唯一值得肯定的是，她"不信邪"，很努力——她每天狂背单词，早上 6 点 20 分上早自习，她总是 5 点 40 分到，但成绩一直中下，总是不理想。而她那股学习的劲头，连老师都暗暗赞叹。

高考后，露露没有复读，而是选择上了苏州一所普通的大专院校。我想安慰她，她却淡定地说："宁做鸡头不做凤尾，大专生也是大学生。"

三年前，有高中同学组织同学聚会，地点在无锡。露露也从苏州赶来了。

我们在长江路后面的大排档觥筹交错。酒喝得正酣时，露露突然小声问我："赵建怎么没来？"

我的脑袋突然像是被什么东西捶了一下："对哦，赵建也在无锡上的学。"

露露问："他人呢？"

"他可能忙吧。"我说。

露露脸上露出难掩的失落，配上她那一句无力的"哦"，让我顿时觉得头晕目眩。

第二天上午，她跟我打了声招呼就回了苏州。

我不知道她来无锡的目的，我想可能不仅仅是为了参加同学聚会吧——她无非就是想见见赵建而已。

前年的一天晚上，在一栋女生宿舍楼下，赵建举着话筒，深情地对着一位大一学妹唱《今天你要嫁给我》。唱完，他掏出一枚银光闪闪的戒指，对着那女孩说："做我女朋友吧！"

旁边一群男生在起哄："在一起，在一起……"

有一天，我在倒腾着我的微电影剧本，露露打来电话："晔子，你知道××网络科技传媒公司吗？"

"不知道啊！"我想了想说。

露露扯开嗓门，对着电话叫嚷："就是在无锡软件园里的那个，我要到他们公司去实习了。"

我说："那恭喜你啊！怎么，又要请我吃麻辣烫吗？"

"瞧你那点出息，想吃啥，随便点。"露露嘴里蹦出的话充满活力，我想她心里也是一样的喜悦，"你知道吗？赵建也在那家公司。"

"好啊，那你要好好加油哦！"我说。

去年3月，几个老同学又组织聚会。那天天黑得早，大家坐在二楼的包厢里攀谈着，内容无非是最近几个月实习生活中的种种辛酸。

这时，两个人推开了包厢门。大家一时目瞪口呆，你看我，我看你，谁都不说话。

露露顺带关上了门，对大家说："不好意思，刚才公司开会，所以我们来晚了！对了，给大家介绍下，这是我男朋友赵建。"

他们还是在一起了。

饭后回到宿舍，我躺在床上翻来覆去睡不着。我一骨碌坐起来，拿起手机拨了露露的电话，打算和她说些什么，不料对方正在通话中。

第三次，我刚刚拨通就挂掉了电话。也许是我想多了，一定是我想多了。

去年 7 月，毕业季的一天，我刚到宿舍就接到露露的电话。她在电话里只是哭，不说话。我问她，她也不回答。

我立刻丢下手里的资料，找到"大狼狗"，和他一起打车去找她。

找到她的时候，她正蹲在路边，眼睛里充满血丝。她呆呆地望着手机屏幕，上面是赵建发来的短信："对不起，我们不合适，分手吧！"

我不知道该说些什么，"大狼狗"也像根电线杆似的杵着。露露突然站起来，一句话也没说就往马路对面走。

"红灯，红灯……"我和"大狼狗"在后面追着喊。

我们一路跟随露露来到赵建的宿舍楼下。露露打通了赵建的电话，但被挂断了。再打，还是被挂断。

她一共打了 20 多次，电话终于接通了。赵建有些恼羞成怒："我都说了我们不合适，更不可能跟你回老家见你父母。"

等他说完，露露捋了捋头发，说："我只想告诉你，我喜欢你。从 2009 年开始一直到今天，我都喜欢你——比你遇到的任何女生都喜欢你。

"我一直以为，只要我靠近你，你就能逐渐喜欢上我。

从跟你进同一家公司到我们在一起的这段时间里，我一直很开心。我以为我们毕业了，就可以回家见父母了，可最后才发现你到底还是不喜欢我——既然你不喜欢我，放心，我不会缠着你的。最后，祝你幸福。"

露露扔下我和"大狼狗"，一个人沿着学校的草坪一圈一圈地转悠，一直到天黑。

再后来，她辞了工作，回了老家。她每天把自己关在房间里谁也不见，我们给她打电话，她也不接。

秋老虎终于走了，阵阵凉风开始扑面而来，我试着给露露打电话，她依旧不接。

国庆长假期间，一天，我正趴在阳台上看楼下棒球场的比赛，突然接到一个陌生号码打来的电话。

是露露。她说她写了一部小说，已完稿，20万字，问我能否帮忙出版。我告诉她希望或许不大，不过我会是她小说的忠实读者。

于是，她带着小说手稿来无锡看我。

我请她在日式餐厅吃饭，问她吃什么，她说随便。我叫来服务员，问："你们家卖麻辣烫吗？"

露露笑着对服务员说："两份日式蛋包饭，一份金枪鱼生鱼片，一瓶清酒。谢谢！"

"十年之前，我不认识你，你不属于我……十年之后，我们是朋友，还可以问候……直到和你做了多年朋友，才明白我的眼泪，不是为你而流……"

十年，用不了十年，齐肩短发就可以变成"大波浪"，"大波浪"也可以变成直马尾，就像人生一样，从懵懵懂懂到海誓山盟，再到静看花开花落、云卷云舒。

其实，无论是齐肩短发，还是大波浪、直马尾，她都没有错，只是他不爱她了而已。

3. 在这个功利的世界里坚强地活着

感谢所有在我生命里出现，并给我光、给我热、给我力量的人。我是幸福的，我希望你们也都幸福。

很多时候，我都在想：幸福从哪儿来？幸福是信仰的具体体现吗？

我认识的人，他们基本都有某种信仰，也会在生活中感到很幸福。但我知道这种信仰与神祇无关，只源于他们内心深处——那些幸福的人，肯定是懂得幸福的。

她不太喜欢规规矩矩上班的日子，似乎每隔一段时间，她就要来一次"逃亡"——她特爱旅行，与其说是旅行，倒不如说是体验另一种生活状态。

她叫"瓜子"，是一位大学老师。

每旅行到一个新的地方，"瓜子"都会钻进书店，精挑细选地淘几本书。后来，她每次都会顺带多买一本寄给我。

从我认识她开始到现在，她寄给我的那些书，不多不少已经码放了两摞。还有，很多次她说要给我寄各地的明信片，虽然我基本上都没有收到，但还是很开心。

准确地说，我和"瓜子"只能算是网友。

我们因为彼此写的文章而惺惺相惜，但在现实中并没有见过面，所以不知道彼此长什么样子——就算在街上相遇，我们也会擦肩而过。

她喜欢写文章，经常在一些网站上发表。后来，她自己创立了一个公众号，当然，她只是简单地写些文字。她说，只写给懂的人看。

我读过她的文章，很随意，但也很写意。在她的笔下，那些原本僵硬的文字也会变得流畅，读起来舒服得很。

在她的公众号粉丝量骤增后，吸引了投资人投来的"橄榄枝"时，她却潇洒地拒绝了，然后悄然地停止了更新。

很难想象，她也是一名爱旅行的穷游姑娘。

她曾在大理的青年旅舍打过工，为了挣得去下一站旅行的路费。她也曾在西藏大昭寺广场上，独自一人慵懒地晒过太阳。甚至，她还曾在耶路撒冷的西墙下虔诚地为那些正处于颠沛流离中的人们祷告过。

在我看来，她是明媚的、幸福的，她的生活都在随着自己的心延伸，她的幸福也完全是由她自己主导的，周遭纷乱的世界仿佛与她毫无瓜葛。

她呈现给我的只是一份纯粹，我看到的她是充实、幸福的。

还有一个不知在何方的朋友，他也曾使我的幸福、温暖恣意地生长着。

那一年我从昆明回苏州，当时为了省钱买了硬座票。半夜里，车上大部分乘客都已熟睡。那是初冬时节，天气出奇地冷，我也早就有了困意，但因为冷得牙根儿发疼，根本睡不着。

也不知道挨了多久，我最终还是睡着了。

等我醒来的时候，模模糊糊看到对面坐着一位大叔，他正在看一本佛经。我扶了扶身子，凑过去看了一眼书上的字——全是梵文。

他见我醒了，便笑着说："冻醒的吧？夜里的车厢很冷，快喝点热水，暖暖身子。"

不知道是不是心理暗示的作用，他说完之后，我还真觉得全身特冷。

这时，我才发现身上多了一件棉袄，是那种皱巴巴、灰土灰土的破棉袄。若不是因为实在冷得受不了，我早就把它扔了。

打量了一下四周，我确信这棉袄是对面大叔的。

他依旧在看那本梵文书。深夜的车厢里聚集了鼾声、脚臭味儿等，而他却能安静地看一本书，这让我想到佛家名言："我不入地狱，谁入地狱。"

后来，我又睡着了。等我醒来的时候已是第二天清晨，阳光透过车窗洒进了整个车厢。

棉袄仍旧披在我身上，可对面的大叔不见了。我找遍整个车厢，也不见他的人影。他什么时候上车的，我不知道；什么时候下车的，我也不知道。

也许就是因缘吧，我们在这个世界里以这样的方式遇见又分别——甚至我都不知道他姓甚名谁，最后留下的只是一件棉袄。

于是，以后在寒冬季节出差，这件棉袄总会待在我的行李箱里，它陪我度过了多个夜晚，给我温暖。

以后，每次乘火车我都抱着能再遇见那位大叔的幻想，可是茫茫人海，我们始终没有再遇见过。后来，那件棉袄被我丢失在了去往北方的火车上，我希望下一个用得着它的人，也会像我一样珍惜它。

感谢那位大叔，他仿佛是专程来度化我的，他带给我的幸福，不单单是一件破棉袄，更像是佛家所说的慧因。

种慧因，得慧果。虽然我们只有一面之缘，但温暖是可以延续的，从而让我有了契机用自己的方式去催长我的幸福。

感谢所有在我生命里出现，并给我光、给我热、给我力量的人。我是幸福的，我希望你们也都幸福。

4. 将别人的友善视为理所当然才是悲哀

活着有百般风味，别人于我们而言，仅是一道菜里的一种调味剂，而我们自身对于生活的态度才是这道菜的主味。

前段时间，一位留学韩国的挚友学成归国。那天，她给我打来电话时，正一个人扛着大行李包穿梭在机场过道中。

我问她："为什么不叫人去接机？"

她嘿嘿笑着说："不碍事，我自己能行。"

一米六的个子，体重不过百的体格，独自一人背那么重的行李，想想她真是个女汉子。

她是独生女，家庭条件也非常好，却偏偏固执地要选择独立成长，去吃本来可以回避的苦。不过，比起那些娇弱的温室花儿，她早已成长为女强人了——挎包拼职场，只身行天下，将沿途曼妙的风景尽收眼底。

生命很长，其实也很短暂，可有人阅尽千帆，有人却只是哀叹余生。她显然属于前一种。

我就欣赏思想与行为都独立的人。

她当时只身出国，办护照、签证、联系学校，统统都是自己搞定的。此外，租房、学习、兼职等，她完全都能应付。总之，她的日子过得有滋有味。

当年和她一起学小语种的同学听闻此事后，不屑地摇摇头说："没劲。"

我一愣：怎么就没劲啦？

面对粗壮的男友，大多女生会自动转换成娇弱的"小花猫"，连个手提包都拎不动。她们永远信奉"女人是水做的"人生信条，好像女人天生就要找个依靠——她们永远要等着别人来收拾残局。

我曾在一家外贸公司实习，有一次，我帮部门主管的女友搬家。

一踏进她的家门，看到屋里的景象一片凌乱，我有些不知所措：地上横七竖八地扔满了鞋子，沙发上堆放着杂志、化妆品……

进了房间，我更无法形容我当时的感受了——说好了要搬家，怎么衣服还在衣橱里挂着？昨晚吃夜宵后留下的饭盒还放在床头，这是几个意思啊？

主管也有些看不下去了，便发了牢骚："说好今天搬家的，你怎么也不知道收拾一下东西？"

谁知，他女友技高一筹，说："你不是叫了两个小弟来帮忙吗？等你们来了一起收拾啊！"

对她的话，我竟无言以对。很明显，她把我们的帮忙当成了理所应当，把我们的善意当作了"不用就是浪费"。

对该女子，我没什么批评可言，人家又不是我的女友。人家理直气壮，脸不红耳不赤，我能说什么？

人人都会遇到凭一己之力办不成的事，但别人帮助你并不代表那就是你该有的福气。如果不是碍于主管的面子，我又何必跑来给你搬东西？

相较而言，另一些人就明显可爱多了。

前些日子，朋友圈里的"积赞"活动很火。一位朋友为了得到一家书店限量版的精美图书，让我帮忙"积赞"。

我也算是个藏书爱好者，便帮她群发了一下，结果很快便积满了一百多个赞。这件事过了一段时间，我便逐渐忘了。

有一次，我去楼下门卫处拿快递，发现多了一个包裹，回家打开一看，竟然是一张林俊杰的典藏版专辑CD。

说实话，我真心喜欢这张专辑。想想当时只是动了一下手指，连举手之劳都称不上却得到了如此贵重的回礼，这让我很久以来都觉得不好意思。

公交车上对不主动让座的小伙子出口就骂的大爷，车站里见缝就钻、插队买票的大妈，把别人的好心施舍当作自己"谋生法门"的职业乞丐……这些人整天处心积虑地想从别人那里谋得一些好处，试问他们真的很快乐吗？难道这就是所谓的"活得有劲"？

如果一味地挖空心思去骗取别人的善良、索取别人的帮助，这样的人生是否真的舒心、畅快？

有人自力更生，有人举步维艰，有人怨天尤人，有人不愿做寄生虫——依附于他人而存在。

活着自有百般风味，但别人于我们而言，仅是一道菜里的一种调味剂，而我们自身对于生活的态度才是这道菜的主味。

谁不曾想引领天下？谁不愿成为当世英雄？可是，万般情怀止于心。面对这纷繁、琐碎的世界，有人只会像乞丐一样横躺着，等着别人接济；而有人却能正视和坦然接受一切，只因他们懂得：知足常乐。

道家思想认为，无欲无为，乃是大为。是的，只有不奢求、不苛求，人才能更容易获得幸福。否则，整天都想入非非，岂不是很累？

有些人觉得生活索然无味，其实只是你还没有找到让自己会心一笑的东西。不论是轰轰烈烈还是平平淡淡，只要你觉得生活后劲十足，就值得为之倾尽所有。

在我看来，没什么比自己内心的感受更真实。过了十年、二十年，你再回首来时路，是否会心满意足，会心一笑呢？

你不需要再寻找生活的劲头，因为你自己就是。

很多人问我，为什么你要写作，难道生活真的如书中所描绘的那般美好？

这个问题的答案，还是留给大家去思考吧！

但我想，因为我们都会老，在若干年之后我们都会被时间湮没，记忆也会随之消散，所以我要尽自己的绵薄之力，用文字留给世间些许善意和温暖。

愿人们今后能始终饱含善意，被世界温柔以待，不会为了蝇头小利而大动干戈，更不会把自己折腾到死，仍不知自己想要的生活是什么样子。

愿这世上，能再多几条通向幸福的道路。

5. 我们都需要静一静

这世上，有一种感情溢满心头，却又无法表达——分手后，不再打扰对方或许是唯一，也是最后的情感寄托了。

一天晚上，我正准备睡觉，突然手机震动了一下，来了一条短信："晔子，下个月我要结婚了。新郎不是梁山，但也要给我祝福哟！"

这是莉莉发来的。看到短信，我的心情是矛盾的，开心不是，难过更不是。

莉莉从小和我一起长大，算是青梅竹马，用时髦的话来说——我是她的男闺密。

梁山是我的初中同学，我们关系最铁，一直玩得很好，上高中时也在一个学校。

莉莉是我介绍给梁山认识的。那时，梁山见了莉莉第一眼后，魂就丢了。在梁山地毯式狂轰滥炸的爱情攻势下，他们确定了恋爱关系。

当时，恋爱是学校管理条例中的第一道红线，所以他们也只是在发展"地下恋情"。当然，这丝毫没有影响到他们的感情。在同学当中，他俩堪称"模范情侣"，一时传为佳话。

我曾对莉莉说，等你们要结婚了，我会送给你们最特别的祝福，还要当面连喝三大杯喜酒。没想到，现如今莉莉要结婚了，新郎却不是梁山。当年那么相爱的两个人，那么让人羡慕的一对情侣，也在经不起平淡的流年中分手了。

越是回忆，当年的种种情景越是缠绕着我的神经末梢，我一遍一遍地回忆起他们那些年的种种画面。

高二那年，学校抓谈恋爱抓得最严。很不幸的是，梁山和莉莉的恋情也被查了出来。

那时候，但凡谈恋爱的同学，学校都要求请双方家长来谈话。

梁山主动找到班主任，希望班主任能给莉莉一次机会，不要让莉莉请家长，"条件"是他从此不会再打扰莉莉，并且愿意承担打扫办公室楼道卫生一学期。

在梁山的软磨硬泡之下，班主任妥协了。那一次，莉莉躲过了一劫。从那以后，梁山真的就不再找莉莉了。

莉莉知道后，哭了整整一夜。不过，梁山托我送了一封信给莉莉，信的大致内容是他俩要好好学习，争取考到同一所大学里去，然后再在一起。

果然，从那以后梁山学习起来就变得认真极了，成绩也从班级中下游慢慢爬到了前十名。莉莉同样也很优秀。

在那段日子里，我理所应当地成为他们的信使，给他们跑腿。

每周六下午，梁山都会拉上我早早地站在女生浴室门口替莉莉排队。好几次，我俩都被误会成色狼。

每周星期天早上，梁山都会拉上我出去，给莉莉买一份她最爱吃的早餐——豆浆和油条。

冬天，每个晚自习，梁山都会让我替莉莉送一杯他亲自泡的热奶茶。

等到夏天的时候，莉莉的课桌上肯定少不了我替梁山送给她的防蚊虫叮咬和散热的花露水一类东西。

他们的爱情从无到有，我一路都见证着，仿佛我也是其中一个不可或缺的角色——少了我，他们的爱情好像就要打折似的。

当然，在他们眼里，爱情比什么都重要。

为了能好好学习，期望和莉莉考入同一所大学继续在一起，梁山把他最痴迷的篮球运动给戒了——他每天疯狂地学英语、数学等每一门课。

高考结束的那天晚上，我们去射阳河畔的天仙公园野炊。

当时，他俩紧紧地抱在一起——那一个拥抱好似隔了几个世纪。他们都在憧憬着美好的未来，勾勒着属于他们的明天。

很幸运地，他俩都被成都某一所大学录取了。

大学时代，我不再是他们的爱情见证者，而是和大多数人一样，成了听众。每次联系他们，我都会问问他们的情况，如我希望的那样，他们的感情一直很好。

直到收到莉莉那条"要结婚"的短信，我才意识到有什么不对，我的脑子仿佛断片了一样。

我宁愿相信这是她的恶作剧。

　　我拨通了梁山的电话，电话那头的声音有些哽咽："我们分手了，一年前就分手了。为了不破坏大家对我们怀抱的美好愿望，我们才选择不对外公布的。"

　　我接受不了这样的事实，甚至比他们本人还接受不了。我像个傻子一样，对梁山吼道："梁山，这么大的事，你直到现在还想瞒着我，还算是兄弟吗？"

　　梁山在电话那头陷入了久久的沉默。

　　我气得挂了电话。

　　梁山也没有再打过来，只是隔了好久才发来一条信息："晔子，今天我也收到莉莉的结婚请柬了，我抱着手机整整一天了，不知道该做什么、该说什么。莉莉的婚礼我就不去了，我不想再打扰她平静的生活。"

　　莉莉的婚礼我参加了。席间，新郎、新娘过来敬酒的时候，我看着他们，不知是酒上了头还是心之所向，我仿佛看到莉莉旁边站着的还是梁山。

　　我端着酒杯，一连喝了三杯52°的白酒，酒烧得胃难受，随后我就躲到角落里发呆，直到散场。回到家，我发了一条短信给梁山："兄弟，要好好的。"

　　后来，我感觉到梁山无数次想要联系莉莉，但他的每一次冲动最后都被他很好地克制住了。

如今，我渐渐明白，这世上，不是所有的花儿都能结出果实，也不是所有的爱情都会收获圆满的结局。这世上，有一种感情溢满心头，却又无法表达——分手后，不再打扰对方或许是唯一，也是最后的情感寄托了。

"亲爱的，我不会再去打扰你了，但除了祝福之外，我只能给你沉默。我相信，你温柔的样子一定还是最美的。"这是梁山存在手机里没有发出去的短信。

原来，莉莉婚礼那天，梁山在酒店对面的书店里痴痴地坐了一天。

只要曾经拥有过就已经足够了，不打扰你，这是我最后的感情寄托。

6. 世界给我冷漠，我要报之以歌

如今他已长大成人，不再是冷漠的坏小孩。此刻的他，羽翼丰满，可以随处栖息。

傍晚的海滨，海风很大，一阵阵湿咸的海风会把一些调皮的小海蟹卷上岸来，它们瞪大双眼在海滩上肆意横行。

当海风再次轻抚岸礁的时候，它们又你推我搡地跟着浪花重新回到大海的怀抱。它们是幸福的，因为有大海唤它们回家呢！

他属猴，性格急躁，一身的猴性。对了，他还很喜欢吃桃。

小时候，他常常一个人待在海边，望着无边无际的大海，把寄托一个个美好愿望的小石头抛向海里，期盼着有一天他的愿望都能一一实现。

他没有妈妈，村里人说，在他五岁的时候，妈妈因家庭琐事一时想不开喝农药自杀了；他也没有爸爸，爸爸五年前另娶了一个老婆，此后便不再回家。

他搬回唯一剩下的祖屋，和年事已高的奶奶相依为命。

从九岁开始，除了照顾自己，他还要照顾年迈多病的奶奶。每天放学后，当潮水退去，他便背上小背篓去海边捡拾小鱼小虾等，以此改善家中的伙食，给奶奶和自己补充营养。

他整天沉默寡言，不知所思，没人跟他一起玩。谁若惹恼了他，他总会拳脚相加，毫不留情。于是，不论是在学校还是街坊里，所有人都远远地躲着他，年纪轻轻的他便被划入了"坏分子"的行列。

念完初中，他就自动辍学了。祖屋后来也被姑姑骗走了，他和奶奶只能挤住在姑姑家的车库里。车库旁边拴了一只大狼狗，每当夜深人静，它冷不丁就会"汪汪汪"地叫，听着凄清，也让人害怕。这时候，他最想念妈妈。

妈妈去世后，只有奶奶能给他温暖。奶奶目不识丁，只能靠捡垃圾维持家用。她舍不得花钱，但每次卖完废品都会买几个桃子带回来给他吃。

他每次吃桃的时候，奶奶总是摸着他的小脑袋疼爱地说："慢点吃，别噎着。"奶奶对他的爱像清风、像细雨，让他在幸福中慢慢地长大了。

17岁那年，他带着憧憬，只身一人来到上海打工。

起初，他在一家酒吧里当保安。有一次，看见一位客人吃桃的样子，他眼眶有些湿润。其实，他经常会想起以前的自己，想起奶奶给他买桃吃的情景。

一年后，奶奶去世了，他回去简单地给奶奶办了丧事。从此，在世上他再也没有真正的亲人了。

20岁那年，他再次离开家去四川打工。这一次，他在一个小码头当搬运工。老板人不错，允许他免费住在码头的小棚子里。于是，他在四川有了自己的"家"。这一年的春节，他就是在那间棚子里过的。

大年初一早晨，老板给了他一个红包。他拿着红包，久久说不出话来，最后没有出息地哭了。他告诉老板，以前过年时都是奶奶给他红包，奶奶去世后他就再没收过红包了。

老板拍拍他的肩膀说："把门关了吧。今儿是年初一，走，去我家吃汤圆，团团圆圆，图个吉利。"

第二年，四川和黄淮地区发生洪灾，他拿着卡里仅有的5000元钱，只身去南充参加抗洪救援工作。

他加入了一支从江苏去的救援队，没有专业救援技能的他被安排在帐篷区帮忙。

每天，他要扛 50 桶矿泉水，一次要打 200 份盒饭。忙的时候，他水都顾不上喝，等到吃饭时饭都凉透了。晚上，他经常累到一坐下就睡死过去，算算，他一天只有四个多小时的睡眠时间。

抗洪结束后，他独自一人离开了。他的名字没有出现在媒体的新闻报道中，甚至没有人知道他曾参与了这次救援。他只是在志愿救援队登记册上留下了名字、籍贯。

7 月的海滨已经很热了，海滩的沙子被晒得热气蒸腾。从南充回到老家后，他灰头土脸的，像是从非洲迁徙过来的。

他约我去海边游泳。我只会狗刨式，他一下海却变成了一条海泥鳅，一个猛子能扎两米深，还会从水底摸些奇形怪状的石头上来。

他上岸后，我和他坐在沙滩上数他的战利品，数着数着，他躺在沙滩上号啕大哭起来。我一时没搞清状况，有些茫然无措。

附近的游人都用疑问的眼神看着我，我被他们看得有些尴尬，只好拖起他狼狈地往家里走。

后来我听他说，他捡起来的石头大多都是他以前亲手扔下去的，在他小时候，奶奶还用它们砸过桃核。

他是我在异乡结识的普通而善良的小伙子，可为何童年的他会是个没有同伴的"坏孩子"呢？

我想，他当时只是渴望被关心，渴望被理解而已。

他很小就没了妈妈，可他仍旧是幸运的，因为有奶奶与他相互依偎，有善良的老板给他帮助，还有很多好人与他一路同行——他觉得这个世界是温暖的。

如今，他已长大成人，不再是冷漠的坏小孩。此刻的他，羽翼丰满，可以随处栖息。

像他这样在小时候有些叛逆的孩子还有很多，其实对于他们而言，善恶只在一念之间，而能够成全他们的，也许只是这世间一点点的温暖，不是吗？

7. 你不需要活给别人看

别在该好好体验生活的年纪过早地去接纳所谓的担当，别让你"只是看起来努力"。

阿四，江苏苏州人，苏州大学分校毕业，学的是土木工程专业。他在家中排行老四，上面有三个姐姐——他从小就被家人赋予各种期望，背负着"家族使命"，艰难地成长着。

他是个懂事的乖孩子，一直顺着父母的意愿过完了 22 年。在他过完 22 岁生日的第二天，他"跑了"——逃跑的原因很简单，他想活得更像自己，他想走自己想走的路。

在逃跑之前，他在工地上做工程测绘，虽说不是名牌大学毕业，但他凭着扎实的专业知识得到了老板的赏识。老板答应他，做完这个项目，就给他配一辆价值 20 万的专车。

父母含辛茹苦把他养大，眼看就要跟着他享福了，他却来了这么一出。他的父亲因为没有心理准备，一度晕厥过去。

他向父母解释："我不是出去瞎晃悠，只是我还年轻，还没有太多顾虑，我想去看看外面的世界，走出一条自己的路来。我不会让你们失望的……"

父母见木已成舟，只得无奈地点头答应。在车站送行时，父亲老泪纵横地说："阿四，在外头要好好的，别学坏了……"

阿四离家后的第一站是甘肃敦煌。下了车，他就找地方吃饭，打算先填饱肚子再说。韭菜叶般宽的面条，长而匀称；浓郁的臊子汤，味道醇厚——吃上这样一大碗地道的臊子面，他的疲劳感顿消了。

安顿好之后，他给家里打电话报平安："你们别担心我，我一切都好。这儿没有姑苏细面，却有臊子面，我一顿能吃两碗。"

他的第一份工作是在一家面馆里当伙计，第一天就干了13个小时。几天下来，他觉得工作无趣，就离开敦煌去了吐鲁番。

他的第二份工作是在当地的一座葡萄园里摘葡萄。

八九月的时候，吐鲁番的葡萄熟了，工人都在葡萄园夜以继日地摘葡萄，然后会包装好发往世界各地。

此时的新疆，白天热得地皮都发烫，夜晚冷得裹着被子也觉得冻得慌。阿四的家乡在江南，那里一天之内不会有如此大的温差。

葡萄园规模很大，在工头的指挥下，阿四和其他工人一起干着活，他能够飞快地将一串串"大玛瑙"从枝头剪下。

工头操着地方土话指着阿四说道："下手轻一点，你这样会弄伤葡萄枝的。剪的时候要像摸着宝石，动作要轻，别那么粗鲁……"很快，阿四就摸索到了剪摘葡萄的诀窍。

晚上收工的时候，阿四发现自己是剪摘葡萄最多而损伤最少的一个工人。工头赏了他一袋葡萄——那是白天他自己损坏了的。

由于工作要求苛刻，很多工人都无法忍受，于是几天之后，一批工人结算完工钱走人了。

工头见阿四手脚快、干活好，每天都会赏给他一袋葡萄。他每天要吃掉三斤以上的葡萄，连打嗝都是葡萄味。吃不完的葡萄，他干脆就拿来晒葡萄干。

有一天早上，阿四被轰轰的三轮车引擎声惊醒了。老板说这批货发得及时，客户很快就结账了。他很高兴，要来给大家发奖励——羊肉。

阿四分得了一整条羊腿，按照内地的羊肉价格，少说也得值两三百元——老板还真的是很大方。

阿四请当地人将羊腿加工处理后再包装好，然后快递回了老家。父母收到他从千里之外寄来的大羊腿，很是感动。

葡萄园里的工作结束后，阿四总共挣了五万元钱。结算完毕，他向老板和工头辞别。临走前，工头问他："阿四，什么时候再回来？"他抱着一罐葡萄干，想了想说："明年葡萄快熟的时候，我会再回来的。"

于是，他继续上路了。而他的故事仍在继续。

半年前，我与阿四在上海虹桥车站偶遇。当时，我们一同在追抢了一位大妈钱包的小偷。当我们抓住小偷时，都累得瘫倒在地。

车站保安上来就把我们仨都按住了。我大叫："不是我，是他！"于是，保安拧阿四的胳臂更用力了。直到那位大妈出面为我们解释，我们才被保安放开了。

就是这次偶遇，让我和阿四成了"铁打的兄弟"。当我问起阿四为什么不找一份工作稳定下来时，他淡然道："因为我想过自己的生活。"

是的，这地上本没有路，走的人多了也便成了路。至于你想走哪条路，恐怕只有你自己能给出答案——你还年轻，我还年轻，我们都还年轻，所以不该过早地想着怎样扬名立万、光宗耀祖。

你没有必要活在别人画好的圈里，也没有必要活成别人所希望看到的样子——别在该好好体验生活的年纪过早地去接纳所谓的担当，别让你"只是看起来很努力"。

你不需要活给别人看，成功或不成功，也没有人可以断然评判——别想太多，走好自己的路就好。

8. 亲密是孤独最好的解药

芸芸众生都在自觉不自觉地修行，当下或幸福着、或痛苦着、或煎熬着，其实这些都是孤独给人们的另一种表象。

我们时常会感到孤独，这与其他无关——无关寂寞，无关热闹，因为孤独感都是来自心底的。

我打小就有一个根深蒂固的习惯——发呆。

我经常发呆，也喜欢发呆。上学时，我会在课堂上发呆，并且常常在一片寂静的教室里突然发出一声不明所以的笑；上下班，我会在地铁里发呆，并总是因此坐过站；再后来，发呆成了我的重要思考方式，因为这总能让我捕捉到星星点点的灵感和温暖。

于是，这也就成了我写文章的初衷：因为我希望把那些温暖传递下去，让每个人都可以感受到它们的余热。我一直都觉得发呆没什么不好，从生理学上讲，发呆是放松神经的过程。

生性敏感的我，常常会有孤独感，因此也喜欢用发呆来消磨那些无聊的时光。在我看来，孤独反而是我不可多得的挚友。

那些无人问津的日子，孤独会随之而来。于是，我就写下了在不同时间、不同地点悄然进入我生命中的那些人、那些事，没想到竟然洋洋洒洒写了许多。

他们或是久久陪伴在我身边的朋友，或是萍水相逢、打过照面的"邂逅之交"，抑或是从未谋面的陌生人。而他们中的很多人，都是我在"发呆"时偶遇的。

是啊，若人生总在行色匆匆、分秒必争中度过，又会错过多少美妙的风景呢？

孤独可以让幸福变得很简单。

从某种意义上讲，孤独感和幸福感一样，它们都是相对的。幸福感常常会被我们长久以来形成的习惯所淹没，就像有些驴友在路上强行要求搭车的现象一样——他们第一次得到帮助时的心态和连续被帮助一个月以后的心态，肯定是截然不同的。

从感激到觉得理所应当，他们会养成依赖的习惯。

我并不认同当下这种不健康的旅游观念。如果硬要把占便宜作为自己前进的筹码，那岂不是很悲哀？更何来幸福这一说？

在香格里拉藏民区，我遇到了一位退伍的兵哥哥，我称呼他"老实人"。

"老实人"是位不折不扣的实用主义者，比如当别人炫耀在某高档酒店吃了 800 元一只的龙虾时，他会躲到小面馆里要一碗阳春面、半斤牛肉，大口地吃个饱。

他话不多，也不怎么合群，所以常常一个人开着皮卡在藏区草原上驰骋。开到激动时，他还会吼上一嗓子当地的民谣。

我问他："你会感到孤独吗？"

"会。"他坐在皮卡的车顶上，吸着五元钱一包的哈德门香烟，脸上却美滋滋的。

"你有孤独感，怎么还这么高兴？"我问。

"因为有孤独才会有幸福啊！孤独给了我冷清，给了我自由，给了我不计较的人生。"他若有所思地说。

然后，他不再说话，继续抽烟。

我曾厌恶过那种寂寞难耐的孤独感，在"老实人"这里，我却找到了截然不同的答案。我也曾冥思苦想、参禅悟道，却不如他悟得这般透彻。

不过，在爱情面前，孤独就显得什么都不是了。

我老家的村里有一位 90 岁的老太太。在她 17 岁那年，未婚夫上前线打仗，从此杳无音信。

在那个战乱年代，打仗死人是常事，就连未婚夫的家人也认为他们的儿子肯定战死疆场了。所有人都劝她改嫁，年纪轻轻的还没过门，没必要守寡。

当时，她固执地不愿改嫁，就在婆婆家做起了媳妇。整整十年里，人们都渐渐忘记了这家还有一个在外打仗的儿子。终于有一天，门口来了一个人。她看着这个人，手里拎着的水桶咣的一声掉在了地上——那一刻，她泪流满面。

谁能像她这样忍受十年？这十年的时间，对于她来说又意味着什么？想来，肯定是百般滋味在心头。

因为爱情，所以坚守；因为爱情，孤独又算得了什么？就像有首歌唱的那样："因为爱情，不会轻易悲伤，所以一切都是幸福的模样……"

人们平日里所说的高贵，无非是指有钱人涂脂抹粉、穿金戴银。我所理解的高贵，不是单单指挥金如土、过着锦衣玉食的奢华生活，而是指在孤独、沉默中所自然散发出的气质和风范。

这是任何金钱、地位、名誉都无法取代的。

孤独有时候是幸福的，有时候也是苦楚的，但不可否认的是，孤独是高贵的。

孤独即是修行。芸芸众生都在自觉不自觉地修行，当下或幸福着、或痛苦着、或煎熬着，其实这些都是孤独给人们的另一种表象。

孤独不是无病呻吟的哀叹，不是永远也跨不过的鸿沟，它只是变幻万千的人生中的一种常态，也是一种情感、心理，更是一种纯粹的、高贵的精神洗礼。

孤独就像镜子里的人一样，你想他是什么样的，他就会是什么样的。万物万象皆随心动，心动则万物动，心静则万物静。

每个人对于孤独的理解都不一样，就像我特别喜欢发呆一样——我喜欢那种让自己有如入定一般的安宁，这会让我不至于急匆匆地错过美好的人、美好的事。

孤独也一样，它只是生活中的一种常态，我们并不需要刻意回避它。人总是会有孤独的时候，无论贫穷还是富有，都难以避免——因为我们来到这世上，当然也会独自离开。

孤独就像我们每天要吃饭、睡觉一样，它会浸透着我们的生活。那么，我们为何不坦然接受它，并学会享受孤独呢？

如今，我对孤独是欣然接受的，因为它很纯粹。同时也因为孤独，我萌发了写文章的念头——既然我可以感知那么多美好的孤独，那么我把它们写出来，与各位分享，何乐而不为呢？

孤独是高贵的，它能使人清醒。

在那些难熬的深夜，我一个人伏案写作，那些真挚的文字会抚慰我的心——即使当我洗尽铅华，它们仍会像潺潺山泉流进我的梦乡。

一辈子不短不长，有些人爱凑热闹，学不会享受孤独，到头来半生蹉跎。是的，我们很难不被周遭的世俗所纠缠，并对此失望、惆怅。但人生难免孤独，生活难免忽明忽暗，人际关系难免忽冷忽热，你要学会顺其自然。

希望你能与孤独为友，与幸福为伴。

9. 诗，就是我们一生都在追求的远方

这些年，听过很多故事，也讲过很多故事——风起云涌，云淡风轻，悲欢离合，喜怒哀乐，它们都被称作故事。

有时候，荒野不只是荒野，城市也不只是城市，每个人的内心也不只是像在世俗中表现出的外在那么简单。这个世界异彩纷呈，就像近几年流行的一句话：生活不只眼前的苟且，还有诗和远方。

诗和远方，它们究竟是什么？

它们可以是爱情、亲情、友情、乡情，也可以是信仰。也正因如此，无论我们走多远，它们总是会源源不断地给我们力量。

这个世界上，总有人闭着眼，也有人半闭着眼，当然还有人是睁着眼的。

闭着眼的人说："呜呼哀哉，管他谁是谁非，此生定要万贯家财。"

半闭着眼的人说："斑马斑马，你睡吧睡吧，我要卖掉我的房子去浪迹天涯。"

睁着眼的人说："人生不只是过往、当下，还有诗和远方。"

当我坐在空荡荡的房间里时，窗外正下着雨，不时传来风雨抽打窗户的声音。我打开音乐，一边听歌一边写作。

写书的这段日子，我慢慢开始回望过去，很多不大记得的往事，有时候想着想着就会一股脑地涌现在脑海里，那种滋味就像是陈年老酒，醇香又醉人。

那是被遗忘很久的故事，但当我想起的时候却依旧温暖。它们会在某一刻，从另一件事、另一个人身上得到验证——重新唤醒冷漠已久的心。

这些年，听过很多故事，也讲过很多故事——风起云涌，云淡风轻，悲欢离合，喜怒哀乐，它们都被称作故事。这些故事凄美动人，有时让人徒增伤感，有时又让人莫名地感到温暖，比如老崔的故事。

老崔年长我几岁，在人前我尊称他崔老师；没有外人的时候，我则直接叫他"崔大粪"，因为他当年替人家挑过粪。

那年年末的时候，年轻气盛的老崔独自一人在四川旅行，他想在那里寻找当诗人的灵感，却在那里被偷、被骗，最后还失去了工作。

当时身无分文的他，就像一条流浪狗，别人都忙着回家过年，他却一个人流浪在异乡街头。

除夕夜下起大雪，他躲在一些店铺的卷闸门前，无处安身。幸亏手机没被偷，他还可以打电话。

当他打通母亲的电话后，撒谎说今年车票难买，过年不回去了，就在公司里过年，这会儿正在和同事包饺子。

没说几句，他便匆匆挂了电话。看着空荡荡的街道、清冷的雪花，听着远处的鞭炮声，他蹲在紧闭的商铺门前，泪水慢慢涌出了眼眶。

　　那一晚，老崔多希望天能够早点亮起来。那一刻，他体验到了真正意义上的露宿街头的味道，他这才感觉到家的重要。他只能那样蜷缩着，多次被冻醒，也被鞭炮声惊醒。

　　那次经历，对于老崔来说有着里程碑式的意义——他从此懂得了家和亲情的珍贵。后来，无论是骑行川藏穿越阿里大环线，还是徒步墨脱县以及更远的地方，他都深深怀念着那个叫作"家"的地方。

　　我曾亲口问他："像你这种在外面野惯了的人，也会特别恋家吗？"

　　他告诉我："这些年，我走过很多地方，经历过很多事，但也就悟到了一句话：旅行可能是为了更好地证明家有多重要。"

　　当时，我还是个稚气未脱的学生，他所说的家的概念对我来说太宽泛，我不懂也插不上嘴。后来，等到我远离家门，走过许多陌生的地方才有些明白他的话了。

　　是啊，未曾远离，谈何回家？从未拿起，谈何放下？

　　有人说，听了某首歌就想"仗剑走天涯"，看了某本书就想来一场"说走就走的旅行"。这么说吧，其实很多旅行归来的人觉得旅行根本就没什么意义。

　　旅行就跟吃饭、睡觉一样，都只是人们生活的一部分。

可是，为什么还是有人要拔高旅行的高度呢？其实，不仅仅是旅行没有意义，就连我们所有的行为、情绪可能都没有意义。

也许有人说，这未免太悲观了吧？

与其赋予旅行那么多的意义，不如说它只是一次让内心回归自然的过程——那些不断温暖你的人或事，在人生路上也许会被你经常想起。

人这一生，能够与自己喜欢的人在一起，做自己想做的事，成为自己想成为的人，就是最大的意义！

这是"诗"，也是我们一生都在追求的"远方"。

老崔现在定居在都江堰，去年还把父母都接过来一起住，听说那是个非常适合养老的地方。

他在都江堰租了一处大院，开了一家青年旅舍。据他说，院子里有吊床、有木桌、有躺椅，还养了两只可爱的中华田园犬。

他告诉我，他给我留了一间房，随时欢迎我去"养老"。

我咧着嘴回道："等我逛够了这浮华的尘世，就立即杀将过去。"

青年旅舍里经常会有一些打算由川入藏的驴友入住。

很多驴友是 95 后，他们都充满朝气，充满活力。老崔从他们那里听到了很多故事，然后隔着几千公里打来长途电话讲给我听。他说，讲故事的人泪眼婆娑，听故事的人也泪光盈盈。

每次有驴友出发去往下一个地方时，老崔都会送给他们一句祝福："祝你们好运，有空儿常回来。"

近些年，进藏旅行之风刮得很盛，一批人走了，另一批人又会来。我想，其实大多数人无非就是想去感受一下别人笔下的西藏到底是什么样子。等他们亲自领略过了，会发现西藏除了有充足的阳光、大美风光和奇异民俗，别的也没什么了。

当然，如果这么想的话，他们根本就没有弄明白进藏旅行的意义。其实，进藏的收获，不只是看大美风光、体验奇异民俗，更多的应该是磨炼我们的意志——当我们的手脚上磨出一层茧，就能验证我们的毅力。

大家在进藏旅行的过程中，如果变得更独立、更果敢、更坚强、更乐观了，那么旅行的意义也就凸现出来了。

我希望，每个选择进藏旅行的人都能在这条路上发现未知的自己，也都能更清楚地看到自己的未来。许巍在歌里唱到："我最亲爱的朋友 / 你让我再一次醒来 / 听你说

的故事 / 深深打动我 / 来自这个世界 / 来自我们真实的
生活……"

这段歌词营造出一个画面:和一个多年未见的老友面
对面坐着,各自讲述经历的往事,彼此都为对方深深地感
动,并通过这种感动延伸出一种温暖。

我期待着这份温暖,期待能够把它传递给更多的人,
希望你我都在这些人里面。

后　记

　　促使我写这本书的是那被叫作幸福的因素。在这本书里，我讲述了一些平凡人的平凡故事。

　　一个思维健全的成年人，应当懂得如何去感知幸福、收获幸福。这种幸福感，会促使我们不断地突破自己、完善自己，成为自己的超人。因此，"如何去获得幸福"显得尤为重要。

　　这本书叫《我偏爱少有人走的路》，其中最重要的是"偏爱"，因为偏爱是前提——偏爱才会有欲求，有欲求就会去满足，满足了就会产生幸福感。

　　鲁迅说："让别人过得舒服些，自己没有幸福不要紧，看到别人得到幸福，生活也是舒服的。"

　　这句话曾给我带来很大启发。如果说，因为看了这本书让你觉得自己的生活其实还可以的话，那我就心满意足了。

　　其实，这本书写到一半时，我曾不止一次地烦恼：我是在搞创作，可写作这么劳心费神，我不喜欢啊！

　　但也就是在写作的过程中，我渐渐明白，原来幸福就是这样的一个过程。

　　当看到一个个平凡人的故事被我写出来，看着他们的幸福，我也就不自觉地跟着一起幸福了。就像鲁迅说的那样，我们会因为别人的幸福而感到幸福。

　　其实，获取幸福的方式有很多种。当人生走到某个阶段，我们都会有意无意地去改变我们可以改变的，接受我们可以接受的。而那些我们改变不了和接受不了的，我们也会相对应地把它们拒之门外。

　　是的，我们不需要刻意地去迎合谁，讨好谁。比如说旅行，到底是为了什么？其实，我想，旅行也是寻找幸福、获得幸福的一种方式。

　　三毛和丈夫荷西曾经在撒哈拉沙漠中过着物质条件匮乏的生活，但在她的笔下，风景也多了几分柔情，一切都像诗一样美，你能说她不幸福吗？

日本探险家关野吉晴，花了十年时间完成了重走人类迁移之路的旅行。从他的旅行事迹中我们可以看出，他是幸福的。

当然，生活中有幸福，也一定会有痛苦——少了它，生活便会索然无趣，幸福也将显得形单影只。

这本书完稿后，我开始陆续拜访书中所写的好友。他们大多数人都还是依循着原先的节奏，平凡而又幸福地生活着。

我们总是这样，害怕孤独、害怕失败——关于将来，我们渴望着却又担心着；关于过去，我们怀念着却又纠结着。

其实，你大可不必这样，喜欢就要去奋斗，然后才能拥有幸福。幸福源自喜欢，我希望你这一生能够在幸福中度过——遇见喜欢的人，遇见更好的自己，和幸福一起过一生。